AI
全能应用七合一

ChatGPT+DALL·E+Midjourney+
SD+PS+剪映+可灵

谢智博 ◎ 著

化学工业出版社
·北京·

内 容 简 介

本书是AI全能应用七合一教程，讲解了AI应用从文案、绘图、制图到短视频剪辑、制作最为热门的7个软件——ChatGPT、DALL·E、Midjourney、Stable Diffusion、Photoshop、剪映、可灵，帮助读者一次精通7个软件。

本书共分为8个专题，分别从软件的注册、安装、使用、效果制作等层面，讲解了各个软件的核心内容，特别是运用ChatGPT编写文案、DALL·E绘制图像、Midjourney生成图片、Stable Diffusion制作效果、Photoshop处理图片、剪映剪辑视频、可灵生成视频等内容，最后通过一个综合案例，将7个软件结合，让读者学后能融会贯通、举一反三。

8大专题内容讲解+106个实操案例解析+130多分钟同步教学视频+500多张图片全程图解，随书还赠送了近100组AI提示词等资源。特别提示：书中的每一个实例都带有二维码，用手机扫一扫，可以随时随地看教学视频，即使是零基础的读者也能够轻松学会使用AI软件。

本书内容讲解精辟，实例风趣多样，图片精美丰富，适合以下人群阅读：一是对AI工具、软件、平台感兴趣的读者；二是想一次性快速学习ChatGPT、DALL·E、Midjourney、Stable Diffusion、Photoshop、剪映、可灵等软件的读者；三是AI文案写作者、AI绘图者、AI摄影爱好者、AI特效制作者、AI图片处理者、AI短视频制作者、AI电商设计师等。

图书在版编目(CIP)数据

AI全能应用七合一：ChatGPT+DALL·E+Midjourney+SD+PS+剪映+可灵 / 谢智博著. -- 北京：化学工业出版社, 2025. 5. -- ISBN 978-7-122-47554-1

Ⅰ. TP18

中国国家版本馆CIP数据核字第2025G5K768号

责任编辑：吴思璇　张素芳	封面设计：异一设计
责任校对：王　静	装帧设计：盟诺文化

出版发行：化学工业出版社（北京市东城区青年湖南街13号　邮政编码100011）
印　　装：北京瑞禾彩色印刷有限公司
710mm×1000mm　1/16　印张13³⁄₄　字数271千字　2025年7月北京第1版第1次印刷

购书咨询：010-64518888　　　　　　　　　　　售后服务：010-64518899
网　　址：http://www.cip.com.cn

凡购买本书，如有缺损质量问题，本社销售中心负责调换。

定　价：98.00元　　　　　　　　　　　　　　　　　版权所有　违者必究

前 言

随着人工智能技术的飞速发展，AI已经深入到人们生活的方方面面，为人们的生活和工作带来了极大的便利。本书以"AI全能应用七合一"为主题，对当下最热门的AI工具和平台——ChatGPT、DALL·E、Midjourney、Stable Diffusion、Photoshop AI、剪映AI和可灵进行了详细的介绍和解析，旨在帮助读者快速掌握这些工具，实现AI技术的全面应用。

本书的主要特色

综合性与全面性：本书覆盖了ChatGPT、DALL·E、Midjourney、Stable Diffusion、Photoshop AI、剪映AI和可灵等流行的AI工具和平台，为读者提供了一个全面的学习解决方案，涵盖了文本生成、图像创作、视频编辑等多个领域。

海量的实战案例：书中不仅介绍了每个工具的基础知识，还提供了110多个实操案例，帮助读者在实际应用中深化理解，提升技能。

配套的资源赠送：随书附有近100组AI提示词、130多分钟的教学视频及500多张图解，通过视觉和听觉的结合，增强学习效果，读者可以随调随用。

本书的细节特色

· 8章实操案例精解：本书体系完整，从多个使用方向对不同的AI软件进行了8章专题的实操案例讲解，内容包括：ChatGPT、DALL·E、Midjourney、Stable Diffusion、Photoshop AI、剪映AI、可灵及综合案例。

· 106个精辟实例演练：全书将AI功能的各项内容细分，通过100多个精辟实例的设计与制作方法介绍，帮助读者在掌握AI软件基础知识的同时，探索其在商业领域的多方面应用，从而提高读者的AI创作水平。

· 130多分钟视频播放：书中部分实例的操作，录制了带语音讲解的演示视频，时间长度达到130多分钟，读者在学习AI工具的实操案例时，可以结合书本和视频一起学习，轻松方便，达到事半功倍的效果。

· 500多张图片全程图解：本书采用了500多张图片，对AI工具的实例操作步骤进行了全程式的图解，通过大量辅助图片，让实例的内容变得更加通俗易懂，便于读者一目了然，快速领会。

温馨提示

·版本更新：在编写本书时，是基于当前各种AI工具和软件的界面截取的实际操作图片，但本书从编辑到出版需要一段时间，这些工具的功能和界面可能会有变动，请在阅读时，根据书中的思路举一反三进行学习。其中，ChatGPT为ChatGPT 4和ChatGPT 4o版本，DALL·E为DALL·E 3版本，Midjourney为V5.2和V6版本，Photoshop为2023版本，剪映为6.0.1版本。

·提示词的使用：即使使用相同的提示词，AI工具每次生成的文案、图片或视频内容也会有差别。

·提示词的定义：提示词也称为关键字、关键词、描述词、输入词、代码等，网上大部分用户将其称为"咒语"。

·关于会员功能：ChatGPT 4、DALL·E、Midjourney需要订阅会员才能使用。对于AI爱好者，建议订阅会员，这样就能使用更多的功能，体验更多的玩法。

获取本书的素材

读者可以用微信扫一扫下面的二维码获取相应的图书资源。

扫码获取资源

本书的作者信息

本书由谢智博著，参加资料整理的有郭华、刘伟燕、史谦、刘允竞、曾理。由于时间仓促，书中难免存在疏漏与不妥之处，欢迎广大读者来信咨询和指正。

著者

目　　录

第1章　ChatGPT入门与实战 ·· 1

1.1　ChatGPT快速上手 ·· 2
1.1.1　注册与登录ChatGPT ··· 2
1.1.2　切换ChatGPT的版本 ··· 3
1.1.3　ChatGPT的使用方法 ··· 4
1.1.4　新建聊天窗口 ·· 5
1.1.5　重命名聊天窗口 ··· 6
1.1.6　删除聊天窗口 ·· 8

1.2　ChatGPT提示框架 ·· 9
1.2.1　选择合适的提示词 ··· 9
1.2.2　确定具体的主题 ·· 11
1.2.3　加入限定语言 ··· 13
1.2.4　模仿语言风格 ··· 15
1.2.5　提供参考例子 ··· 16
1.2.6　指定受众人群 ··· 17
1.2.7　使用不同视角 ··· 17
1.2.8　加入种子词 ·· 18

1.3　ChatGPT实战案例 ·· 19
1.3.1　生成主图文案 ··· 19
1.3.2　生成视频脚本 ··· 22
1.3.3　生成风格插画 ··· 23
1.3.4　分析图片内容 ··· 24
1.3.5　进行市场分析 ··· 27
1.3.6　生成曲线分析图 ·· 29

第2章 DALL·E入门与实战 31

2.1 DALL·E快速上手 32
- 2.1.1 DALL·E的特点 32
- 2.1.2 搜索并安装DALL·E 32
- 2.1.3 DALL·E的使用方法 35
- 2.1.4 提示词执行能力 37
- 2.1.5 提示词处理能力 38

2.2 DALL·E核心使用 40
- 2.2.1 提升照片摄影感 40
- 2.2.2 逼真的三维模型 41
- 2.2.3 制作虚拟场景 42
- 2.2.4 提升照片的艺术性 44
- 2.2.5 光线追踪效果 45
- 2.2.6 体积渲染效果 46
- 2.2.7 光线投射效果 47
- 2.2.8 物理渲染效果 49

2.3 DALL·E实战案例 50
- 2.3.1 生成风格油画 50
- 2.3.2 生成电影海报 51
- 2.3.3 生成美妆品牌LOGO 53
- 2.3.4 生成民俗节日插画 54
- 2.3.5 生成台灯产品图片 56
- 2.3.6 生成建筑设计效果 58

第3章　Midjourney入门与实战 ··· 61

3.1　Midjourney快速上手 ··· 62
3.1.1　常用指令 ··· 62
3.1.2　以文生图 ··· 63
3.1.3　以图生文与以图生图 ································· 66
3.1.4　混合生图 ··· 69

3.2　Midjourney核心使用 ··· 71
3.2.1　混音模式 ··· 72
3.2.2　一键换脸 ··· 74
3.2.3　种子换图 ··· 78
3.2.4　添加标签 ··· 80
3.2.5　平移扩图 ··· 82
3.2.6　无限缩放 ··· 83

3.3　Midjourney实战案例 ··· 86
3.3.1　生成专业摄影照片 ····································· 86
3.3.2　生成粒子火花特效 ····································· 88
3.3.3　生成黑白风格插画 ····································· 90
3.3.4　生成小清新风格的艺术肖像 ······················· 91
3.3.5　生成日用品包装设计 ································· 94

第4章　Stable Diffusion入门与实战 ······································ 96

4.1　Stable Diffusion快速上手 ··· 97
4.1.1　使用网页版Stable Diffusion ························ 97
4.1.2　下载LoRA模型 ·· 99

4.2　Stable Diffusion核心技巧 ·· 101
4.2.1　使用LoRA模型 ······································· 102
4.2.2　使用ControlNet插件 ································ 103

4.3　Stable Diffusion实战案例 ·· 105
4.3.1　使用正向提示词绘制画面内容 ··················· 105
4.3.2　使用负向提示词优化出图效果 ··················· 107
4.3.3　添加LoRA模型绘制服装 ·························· 108

第5章　Photoshop AI入门与实战 110

5.1　Photoshop AI快速上手 111
- 5.1.1　什么是Photoshop AI 111
- 5.1.2　AI对Photoshop的影响 112
- 5.1.3　了解Photoshop AI的应用场景 113
- 5.1.4　掌握Photoshop AI创成式填充功能 114

5.2　Photoshop AI核心使用 118
- 5.2.1　使用"选择主体"功能更换背景 118
- 5.2.2　使用"生成式填充"命令智能修图 120
- 5.2.3　使用"内容识别填充"命令快速修图 122
- 5.2.4　使用"内容识别缩放"命令缩放照片 123
- 5.2.5　使用"自动对齐图层"命令合成全景图 125
- 5.2.6　使用"天空替换"命令合成天空 126

5.3　Photoshop AI实战案例 128
- 5.3.1　调整人像摄影照片 128
- 5.3.2　调整草原风光照片 131
- 5.3.3　生成珠宝宣传广告 133
- 5.3.4　生成手提袋包装效果图 136

第6章　剪映AI入门与实战 144

6.1　剪映AI快速上手 145
- 6.1.1　智能转换视频比例 145
- 6.1.2　智能识别字幕 147
- 6.1.3　智能抠像功能 149
- 6.1.4　智能补帧功能 151
- 6.1.5　智能调色功能 152

6.2　剪映AI核心技术 155
- 6.2.1　使用AI编辑人声 155
- 6.2.2　使用AI处理音频 159
- 6.2.3　使用图文成片功能写文案 161
- 6.2.4　使用图文成片功能生成短视频 162

- 6.3 剪映AI实战案例 ………………………………………… 164
  - 6.3.1 生成AI演示视频 ………………………………… 165
  - 6.3.2 生成AI宣传视频 ………………………………… 168
  - 6.3.3 生成AI口播视频 ………………………………… 171

第7章 可灵入门与实战 ………………………………… 175

- 7.1 可灵快速上手 ………………………………………… 176
  - 7.1.1 安装并登录手机版可灵 …………………………… 176
  - 7.1.2 进入并登录网页版可灵 …………………………… 178
- 7.2 可灵核心功能 ………………………………………… 180
  - 7.2.1 延长视频时长 ……………………………………… 180
  - 7.2.2 剪同款 ……………………………………………… 181
  - 7.2.3 AI创作 ……………………………………………… 184
- 7.3 利用可灵生成短视频案例实战 ……………………… 186
  - 7.3.1 手机版可灵文生视频 ……………………………… 187
  - 7.3.2 网页版可灵文生视频 ……………………………… 190
  - 7.3.3 手机版可灵图生视频 ……………………………… 192
  - 7.3.4 网页版可灵图生视频 ……………………………… 196

第8章 综合案例：《航拍卡点视频》……199

- 8.1 运用ChatGPT生成文案……200
  - 8.1.1 生成对话前提……200
  - 8.1.2 生成视频文案……201
- 8.2 运用DALL·E绘制图像……201
  - 8.2.1 绘制图像效果……201
  - 8.2.2 设置图像比例……202
- 8.3 运用Midjourney优化图像……203
  - 8.3.1 进行以图生文……203
  - 8.3.2 进行以图生图……204
- 8.4 运用Stable Diffusion制作效果……205
  - 8.4.1 添加LoRA模型……206
  - 8.4.2 生成图像效果……206
- 8.5 运用剪映制作与剪辑视频……208
  - 8.5.1 导入图像素材……208
  - 8.5.2 制作视频效果……209

第 1 章 ChatGPT 入门与实战

ChatGPT是由OpenAI开发的一种基于人工智能的聊天机器人,它使用了自然语言处理和深度学习等技术,能够理解和使用自然语言,因此能与用户进行流畅的对话。本章将介绍ChatGPT入门操作与实战演练,帮助大家熟悉ChatGPT的各个功能。

1.1　ChatGPT 快速上手

ChatGPT是基于生成式预训练变换器（Generative Pre-trained Transformer，GPT）模型架构的一种应用，专门用于生成人类风格的文本回复。GPT模型能够通过使用大量的文本数据进行预训练，以此来理解和生成自然语言文本。本节将详细讲述ChatGPT的基本操作，帮助用户快速上手。

1.1.1　注册与登录ChatGPT

要使用ChatGPT，用户首先要注册一个OpenAI账号。下面简单介绍注册与登录ChatGPT的方法。

扫码看教学视频

步骤 01 在浏览器中打开ChatGPT的官网，进入ChatGPT的主页，单击页面左下角的"注册"按钮，如图1-1所示。

图 1-1　单击"注册"按钮

★ 专家提醒 ★

已经注册了账号的用户可以直接在此处单击"登录"按钮，输入相应的邮箱账号和密码，即可登录ChatGPT。

步骤 02 执行操作后，进入"创建账户"页面，输入相应的邮箱账号，如图1-2所示，也可以在下方使用谷歌、微软或苹果账号进行登录。

步骤 03 单击"继续"按钮，在下方的输入框中输入相应的密码，如图1-3所示。

第1章　ChatGPT入门与实战

图 1-2　输入相应的邮箱账号　　　　图 1-3　输入相应的密码

步骤 04 单击"继续"按钮，确认邮箱信息后，系统会提示用户输入姓名和进行手机验证，按照要求进行设置即可完成注册，然后就可以使用ChatGPT了。

1.1.2　切换ChatGPT的版本

OpenAI会定期更新GPT模型，每个版本的GPT模型都是基于不同的技术规范和数据集进行训练的，因此它们在性能、功能和应用方面有所不同，用户可以选择使用不同版本的ChatGPT来适应自己的需求，下面介绍具体的操作方法。

扫码看教学视频

步骤 01 进入ChatGPT主页，单击页面左上方ChatGPT 3.5旁的下拉按钮 ⌄，弹出相应的下拉列表框，如图1-4所示，在该下拉列表框中用户可以选择ChatGPT的不同版本。

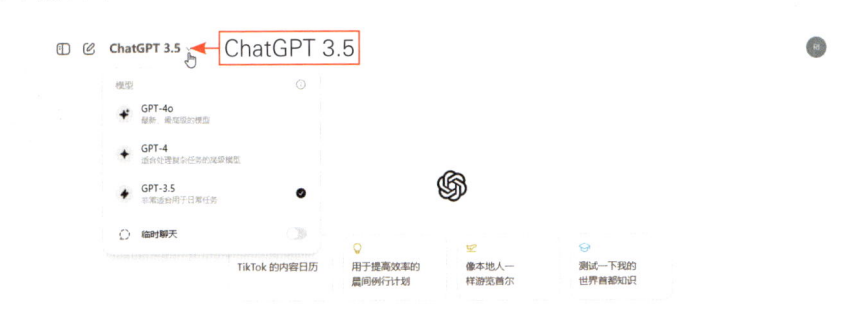

图 1-4　弹出相应的下拉列表框

3

步骤 02 这里选择GPT-4选项，如图1-5所示，切换至ChatGPT 4版本。

图 1-5 选择 GPT-4 选项

★ 专家提醒 ★

GPT-3.5是在GPT-3基础上更新的进化版本，发布于2022年。这一模型在结构和训练方法上进行了优化，改进了对代码的理解和生成能力，尤其是在解决编程和技术相关问题时更加精准。GPT-3.5也加强了对复杂问题的处理能力，提高了文本的连贯性和逻辑性，使其在多样的应用场景下表现更为出色。

GPT-4是由OpenAI在2023年发布的最新版本，具备更多的参数和更为复杂的训练算法。这一版本显著提升了模型的理解深度和文本生成的多样性，能够处理更复杂的对话和创作任务。GPT-4在多语言能力、创意写作及专业知识的表达上有了质的飞跃，适用于更广泛的实际应用场景。

GPT-4模型需要订阅ChatGPT Plus（会员）才可以使用，ChatGPT Plus是按月收费的，每月需要20美元。

GPT-4o是GPT-4的优化版本，专门设计用来提高效率和响应速度，同时保持或提升模型的性能。这个版本通过算法优化和硬件适配，实现了更快的处理速度和更低的能耗，特别适合需要即时响应的应用，如实时互动对话和在线客服。GPT-4o在保证生成质量的前提下，为用户提供了更流畅和高效的使用体验。

1.1.3　ChatGPT的使用方法

在了解了ChatGPT的基本信息后，接下来介绍使用ChatGPT生成文案的操作方法。用户在ChatGPT的聊天窗口中输入相应的提示词后，ChatGPT将尝试回答并提供与主题相关的信息，具体操作方法如下。

步骤 01 进入ChatGPT的主页，在底部的输入框中输入相应的提示词，如"请为一款电冰箱产品写一段宣传文案"，如图1-6所示。

第1章 ChatGPT入门与实战

图1-6 输入相应的提示词

步骤02 单击输入框右侧的发送按钮↑或按【Enter】键，ChatGPT即可根据用户输入的提示词生成相应的文案，如图1-7所示。

图1-7 ChatGPT生成相应的文案

★ 专家提醒 ★

需要注意的是，ChatGPT生成的内容并非总是完全正确，有时候可能会出现一些误差，用户需要根据实际情况自行判断，对ChatGPT生成的内容进行筛选。

1.1.4 新建聊天窗口

在ChatGPT中，用户每次登录账号后都会默认进入一个新的聊天窗口，而之前建立的聊天窗口则会自动保存在左侧的侧边栏中，用户可以根据需要对聊天窗口进行管理，包括新建、重命名及删除等。

通过管理ChatGPT的聊天窗口，用户可以熟悉ChatGPT平台的相关操作，也可以让ChatGPT更有序、高效地为自己所用。当用户想用一个新的主题与ChatGPT开始一段新的对话时，可以保留当前聊天窗口中的对话记录，新建一个聊天窗口。下面介绍具体的操作方法。

步骤01 打开ChatGPT并进入一个使用过的聊天窗口，在侧边栏的上方单击"新聊天"按钮，如图1-8所示。

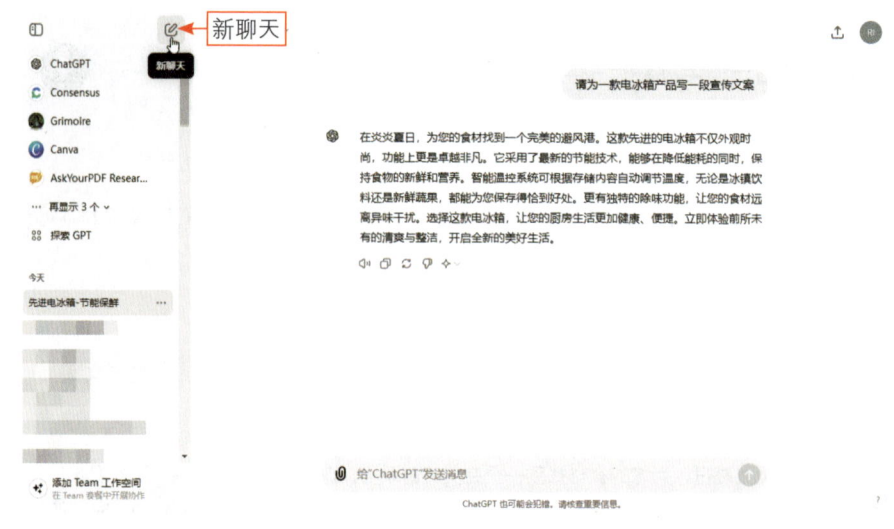

图1-8　单击"新聊天"按钮

步骤02 执行操作后，即可新建一个聊天窗口，在输入框中输入提示词，如"请提供一段关于雨季的文案，50字以内"，如图1-9所示。

图1-9　输入相应的提示词

步骤03 按【Enter】键确认，即可与ChatGPT开始对话，ChatGPT会根据要求生成文案，如图1-10所示。

图1-10　ChatGPT 生成的文案

1.1.5　重命名聊天窗口

在ChatGPT的聊天窗口中生成对话后，聊天窗口会自动命名，如果用户觉得不满意，可以对聊天窗口进行重命名，下面介绍具体的操作方法。

第1章 ChatGPT入门与实战

步骤01 以上一例中新建的聊天窗口为例，在侧边栏中单击聊天窗口旁边的"选项"按钮...，如图1-11所示。

步骤02 在弹出的列表中选择"重命名"选项，如图1-12所示。

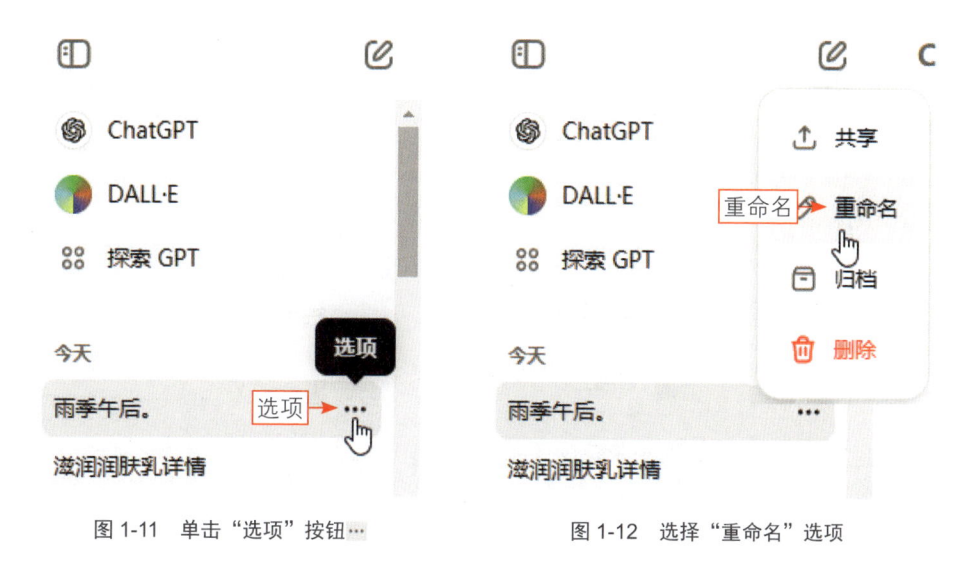

图1-11 单击"选项"按钮...　　　　　图1-12 选择"重命名"选项

步骤03 执行上述操作后，即可呈现编辑文本框，在文本框中可以修改聊天窗口的名称，按【Enter】键确认，即可成功修改聊天窗口的名称，如图1-13所示。

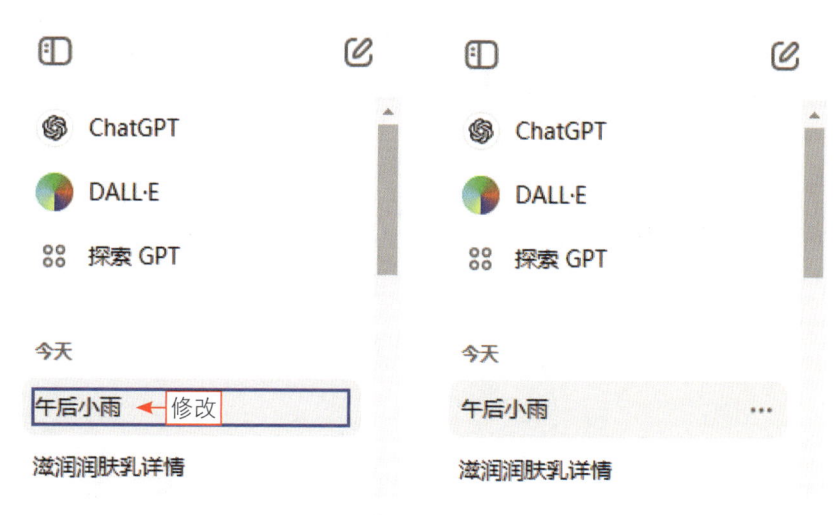

图1-13 修改聊天窗口的名称

7

1.1.6 删除聊天窗口

当用户在ChatGPT聊天窗口中完成了当前话题的对话之后，如果不想保留聊天记录，可以进行删除操作，将ChatGPT聊天窗口删掉。下面介绍具体的操作方法。

步骤 01 在侧边栏中单击聊天窗口旁边的"选项"按钮···，在弹出的列表中选择"删除"选项，如图1-14所示。

图 1-14 选择"删除"选项

步骤 02 执行操作后，弹出"删除聊天？"对话框，单击"删除"按钮，如图1-15所示，即可删除该聊天窗口。

图 1-15 单击"删除"按钮

★ 专家提醒 ★

如果确认删除聊天窗口，则单击"删除"按钮；如果不想删除聊天窗口，则单击"取消"按钮。

1.2 ChatGPT 提示框架

提示词，也可以称作指令，是ChatGPT进行回复、给出答案的依据。提示词的提示框架是指用户与ChatGPT交互时提供的提示词的结构和方式，这个框架能够帮助用户更有效地与人工智能进行沟通，从而获得更准确、相关性更高的回答。本节将详细介绍ChatGPT中实用的提示框架，帮助大家对ChatGPT的理解更加深刻。

1.2.1 选择合适的提示词

保持清晰、明确和简洁是编写有效提示词的关键，同时要考虑整体的逻辑性和与生成目标的相关性。用户在编写提示词时，应该与需求紧密结合，选择合适的提示词，不同的提示词所获得的AI文案是有区别的。下面将举例介绍在输入不同的提示词时，ChatGPT给出的不同回复。

扫码看教学视频

步骤01 在ChatGPT的输入框中输入比较宽泛的提示词，相关的提示词和回复内容如下。

R **提问**

请写出10个家具产品的宣传文案。

ChatGPT

1. 极简主义办公桌：简洁而不简单，这款极简主义风格的办公桌以干净的线条和无瑕的白色表面，为您的工作空间带来现代感的同时提升工作效率。完美融合功能与美学，是您理想的办公伙伴。

2. 豪华皮质沙发：沉浸在无与伦比的舒适中，我们的豪华皮质沙发采用顶级皮革，经典的设计与现代的触感相结合，不仅可以提升您的居家格调，也能给您带来长久的舒适享受。

3. 多功能咖啡桌：创新与实用并重。这款多功能咖啡桌不仅外观时尚，还内置收纳空间和可调节高度功能，适应您的每一个放松时刻。

4. **现代风床架**：睡眠质量的革命者。这款床架采用简洁的现代设计，不仅坚固耐用，更以其低调的奢华感提升您的卧室环境，每晚都能让你沉浸在深度睡眠中。

　　5. **复古书架**：回归经典，书写未来。这款复古书架以传统木工艺术为灵感，为您的藏书提供坚固而幽雅的展示空间，每一层都诉说着故事的力量。

　　6. **创意儿童床**：为孩子的想象力插上翅膀！这款创意儿童床集安全、舒适与乐趣于一体，为孩子带来了充满创意和趣味的睡前体验，让孩子的每一晚都充满梦想。

　　7. **现代吧台椅**：提升您的家庭吧台体验。这款现代吧台椅以其流畅的线条和舒适的座位，为您的家庭聚会增添时尚与舒适的双重享受。

　　8. **户外休闲椅**：在自然中找到舒适的角落。这款户外休闲椅采用耐候材料制成，无论是阳光充足的午后，还是庭院中的惬意夜晚，都是放松身心的最佳选择。

　　9. **智能衣柜**：整理衣物，智能高效。这款智能衣柜配备最新的分类储存技术，不仅节省空间，更使得衣物管理变得轻松而有序，每天的着装都无忧无虑。

　　10. **折叠餐桌**：灵活的空间解决方案。这款折叠餐桌设计精巧，能够根据需要轻松展开或收起，非常适合空间有限的现代家庭，实用且也不失美观。

　　这些文案适用于网站、广告或者产品手册等多种场合，您都可以根据实际需要进行稍微调整。希望这些文案能为您的产品营销带来帮助！

步骤02 在左上方单击"新聊天"按钮，新建一个聊天窗口，输入比较具体的提示词，相关的提示词和回复内容如下。

提问

请写出10个沙发产品的宣传文案。

ChatGPT

　　当然，以下是10个针对不同风格和功能的沙发产品的宣传文案，可以帮助展示每款沙发的独特之处。

　　1. **经典皮革沙发**：经典之选，时尚永存。这款皮革沙发采用优质材料，手感舒适，耐用性强，为您的客厅增添一抹永恒的优雅。

2. **现代布艺沙发**：现代家居的理想选择。柔软的布料与流线型设计相结合，打造出既美观又舒适的休息空间，让家变得更温馨。

3. **多功能沙发床**：空间与功能的完美结合。这款沙发床设计精巧，可以轻松转变为床铺，无论是家用还是客人临时过夜，都能提供完美的解决方案。

4. **角落组合沙发**：最大化利用您的空间。适合任何角落的设计，不仅节省空间，还能提供额外的座位，是小户型的理想选择。

5. **豪华电动按摩沙发**：在家享受专业级的放松体验。这款电动按摩沙发，提供多种按摩模式和深层放松功能，让您每天的疲惫都烟消云散。

6. **简约风格单人沙发**：简约而不简单。这款单人沙发以其独特的现代设计和舒适的坐感，成为所有现代家居空间中的亮点。

7. **复古风格沙发**：复古风情，现代舒适。这款沙发以经典的复古设计为灵感，搭配现代的舒适感，为您的家居环境增添一抹艺术气息。

8. **儿童主题沙发**：专为小朋友设计的趣味沙发。色彩鲜艳，形状可爱，安全又舒适，是儿童房间的完美搭配。

9. **户外休闲沙发**：户外的最佳伴侣。使用防水抗晒材料制成，不仅适合所有天气条件，还能提供最佳的舒适度，让您的庭院生活更加精彩。

10. **创意设计沙发**：打破常规的创意设计。这款沙发以其独特的外观和创新的材质使用，为寻求不同的您提供一个与众不同的选择。

这些文案可以用来吸引潜在客户的注意，提升产品的吸引力，适合用于广告、网站、社交媒体等多种营销渠道。希望它们能为您的营销活动带来助力！

由上面的回复可知，ChatGPT对于宽泛的提示词和具体的提示词的识别度是不同的，会给用户提供不一样的回复。

在输入宽泛的提示词时，ChatGPT给出的回复会较为概念化，涉及多个方面的信息；而输入具体的提示词时，ChatGPT会给出更贴近提问的回复。两种提示词各有其用处，用户选择输入哪种提示词取决于真正的需求是什么。

1.2.2 确定具体的主题

一般来说，用户选择较为宽泛的提示词，是想要ChatGPT生成一些事实性、概念性的回复。而用户选择较为具体的提示词，大多数是想要ChatGPT提供一些灵活性、观念性的回复。编写有效的、具体的提示词是用户需要掌握的技能，而第一要义就是确定提示词的主题。

例如，用户想通过ChatGPT生成一篇有关夏季驱蚊指南的短视频文案，那么"夏季驱蚊指南"便是提示词的主题，而"一篇短视频文案"则是用户的需求，组合在一起，就可以得到要输入的提示词——"请帮我写一篇主题为夏季驱蚊指南的短视频文案"。在ChatGPT的输入框中输入相应的提示词并发送，便可以得到ChatGPT生成的回复，相关案例如下。

提问

请帮我写一篇主题为夏季驱蚊指南的短视频文案。

ChatGPT

这是一篇关于夏季驱蚊的短视频文案，包括开场、内容展示和结尾部分，适用于教育和推广自然驱蚊方法。

【开场】

将镜头缓慢推进，展示夏季郁郁葱葱的后院。

旁白："夏天到了，蚊子也不远了！如何在享受美好夏日的同时，远离蚊虫的困扰呢？跟着我们一起来看看！"

【内容一：植物驱蚊】

将镜头对准几种植物，如薄荷、薰衣草和柠檬草。

旁白："你知道吗？有些植物是天然的驱蚊剂。种植薄荷、薰衣草、柠檬草不仅能美化你的花园，还能帮你驱赶蚊子！"

【内容二：DIY驱蚊剂】

展示自制驱蚊剂的制作过程：将驱蚊植物的精油与水混合。

旁白："自制驱蚊剂，既环保又有效。只需要几滴薰衣草油或茶树油，加入水中，就能制作出安全的驱蚊喷雾。"

【内容三：驱蚊蜡烛】

在镜头中展示自制或市售的驱蚊蜡烛。

旁白："晚上在户外时，点上一两支驱蚊蜡烛，不仅营造了温馨的氛围，还能有效驱蚊。"

【小贴士展示】

快速展示几个实用的驱蚊小贴士，如避免穿深色衣物、使用风扇、保持皮肤干燥等。

旁白："记住这些小贴士，让你的夏天更加舒适！"

【结尾】

镜头回到美丽的花园，夕阳西下。

旁白："用这些自然友好的方法，让你的夏日无忧，远离蚊虫的烦恼。享受夏日，从'驱蚊'开始！记得关注我们，获取更多生活小技巧！"

这个文案结构清晰，既有实用信息，也不乏生动的视觉和语言表达，适合在社交媒体上吸引观众的注意力。

简而言之，当用户想要通过ChatGPT生成灵活性、观念性的回复时，则需要在提示词中说明主题，主题需要具体到某个领域、某个行业或某个话题。

1.2.3 加入限定语言

当用户在给ChatGPT的提示词中已经说明了主题，但依然没有得到理想的回复时，可以进一步细化主题描述，多加入一些限定语言或条件，下面介绍具体的操作方法。

步骤01 在ChatGPT的输入框中输入主题为手机壳产品推广文案的提示词，相关的提示词和回复内容如下。

RI 提问

请提供两条手机壳的产品推广文案。

ChatGPT

当然可以！这里有两条针对手机壳的产品推广文案。

【产品一：环保透明手机壳】

内容："探索透明的美丽与环保的力量！这款手机壳采用100%可回收材料制成，结合坚固耐用和轻巧透明的完美设计。它不仅保护你的手机免受日常磨损，还展示了你对地球的关爱。选择我们的环保透明手机壳，让你的生活更加绿色，时尚步伐更稳健！"

【产品二：个性彩绘软壳】

内容："让你的手机与众不同！这款个性彩绘手机壳采用柔软耐用的材料，提供全面保护，同时装点你的生活。从独特的艺术作品到你喜爱的图案，每一个设计都是为了表达你的个性和品位。加入我们，选择一款真正属于你的手机壳，让色彩点亮你的每一天！"

这些文案适用于网站、社交媒体或电子邮件营销，通过突出产品的环保属性和个性化设计，引起目标客户群体的兴趣。

步骤 02 单击已发送的提示词旁边的 ◎ 按钮,加入限定语言改写提示词,然后单击"发送"按钮,如图1-16所示。

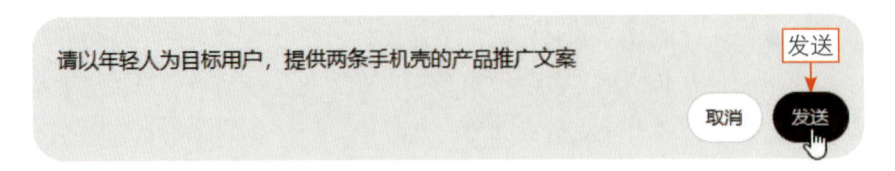

图1-16 单击"发送"按钮

步骤 03 执行操作后,即可让ChatGPT根据新的提示词生成回复,相关的提示词和回复内容如下。

提问

请以年轻人为目标用户,提供两条手机壳的产品推广文案。

ChatGPT

　　针对年轻人的手机壳产品推广文案,我们可以着重突出设计新颖和个性化的元素,同时强调产品的实用性和质量。以下是两条可能的推广文案。

　　1. 解锁你的风格:选择设计独特的手机壳,让你的手机与众不同。无论是街头涂鸦风、精致简约风还是奢华闪耀风,总有一款是你的标签。耐用材料保护你的手机免受日常碰撞与划伤,时尚外观让你成为人群中的焦点。现在就来选择属于你的那一款!

　　2. 彰显个性,从手机壳开始:这款手机壳不仅是保护装置,更是你个性的展示窗。多样的图案选择,从复古卡通到现代抽象,定能找到让你心仪的款式。超薄设计,手感舒适,为你的手机提供全方位的保护。让你的手机壳成为你时尚态度的象征,立即体验不一样的个性魅力!

　　这两条文案都尽量融入了年轻人追求个性和时尚的心理,同时也没有忽略产品的保护功能。

步骤 04 再次单击提示词旁的 ◎ 按钮,在提示词中加入限定条件,改写提示词,让ChatGPT再次根据新的提示词生成回复,相关的提示词和回复内容如下。

提问

请以年轻人为目标用户,提供两条手机壳的产品推广文案,要求突出产品的亮点,有吸引力。

ChatGPT

　　当然可以！这里有两条为年轻人设计的手机壳产品推广文案，突出产品的亮点和吸引力。

　　1. 创新遇见时尚：抓住眼球的手机壳在这里！这款手机壳采用环保材料制成，质感细腻，配以独特的液态滑动沙效果，让你的手机在手中流光溢彩。不仅防摔防刮，而且每一个角落都经过精心设计，完美贴合你的手机。选择这款手机壳，让你在人群中脱颖而出，展现不凡风采！

　　2. 科技与艺术的结合：为你的手机穿上科技盔甲！这款手机壳集成最新的热敏变色技术，颜色随手温变化，每次触摸都是独一无二的艺术表达。超薄设计，不增加手机重量，确保持久耐用。选择这款手机壳，让科技成为你个性表达的一部分，随时随地彰显你的独特品位。

　　这两条文案都注重展现产品的创新性和个性化特点，希望能够吸引年轻消费者的注意力。

★ 专家提醒 ★

　　ChatGPT会根据提示词的主题细化程度给出不同的回复。一般来说，用户输入的主题描述越详细，得到高效回复的概率会越大。

1.2.4　模仿语言风格

　　当用户不知道如何编写提示词才能够获得满意的回复时，可以指定语言风格，让ChatGPT进行模仿，并按照特定风格来生成回复，用户可以指定自己喜欢的影视人物、动漫人物、作家、文学作品等的语言风格，相关案例如下。

提问

请以余华的语言风格，创作一篇400字以内的小说。

ChatGPT

　　余华的写作风格以其简洁而富有深意的语言和对日常生活的深刻洞察而著称。以下是一篇模仿他风格的短篇小说。

　　在一个久旱的夏天，小镇的河水干涸了，大家的脸上都挂着焦急。张老汉独自坐在干涸的河床上，手里拿着一根已经看不出原形的旧钓鱼竿。他的钓鱼竿上没有鱼线，没有钩，也没有饵，但他每天都会坐在那里，好像在等待着什么。

镇上的人开始嘲笑他，说他疯了。但也有几个孩子，好奇心驱使他们围坐在他周围，听他讲述过去河水丰盈时的故事。张老汉的眼中仿佛还能看见水面上跳跃的鱼影，他的话语中充满了对那些日子的眷恋。

"你们看，"他指着河床，"河水会回来的，鱼儿也会回来的。"孩子们听着，眼睛里闪烁着光芒，他们开始想象那些从未见过的景象。

终于有一天，久违的暴雨如期而至，河水渐渐回涌。当大家还在庆幸能再次看到流水时，张老汉却已经不在了。他的钓鱼竿静静地躺在新涌来的河水中，仿佛他的等待终于得到了回应。

小镇的孩子们从此经常聚集在河边，他们学着张老汉的样子，拿着各自的钓鱼竿。他们知道，等待并不是无谓的，每一个梦想终将触及现实的岸边。

这个故事在小镇流传开来，成了一种激励人心的传说：即使在最干涸的日子里，也有希望在沉默中孕育，只待时机涌流而出。

1.2.5 提供参考例子

用户在对ChatGPT进行提问时，可以提供一个具体的例子让其参考，等ChatGPT识别之后便可以生成让用户更为满意的答案，相关案例如下。

R1 提问

旅行类短视频的标题文案通常是文艺且富有诗意的，如"踏过千里，寻觅灵魂的栖息地"，请提供10个类似的标题文案。

ChatGPT

以下是10个文艺且富有诗意的旅行类短视频标题文案：

1. "漫步云端，与世界轻声对话"
2. "遥远的风景，近在心间"
3. "山河广阔，心之所向"
4. "风吹过的路侧，是旧时光的低语"
5. "星辰大海，我与世界仅一步之遥"
6. "穿越古老森林，探寻岁月的秘密"

7. "在世界的尽头，寻找未知的开始"
8. "沿海的呼吸，灵魂的归宿"
9. "每一程山水，都是心灵的疗愈"
10. "远行，为了内心的宁静与自由"

1.2.6 指定受众人群

用户在与ChatGPT进行对话时，可以指定受众群体。通过提供与特定领域、特定背景或专业知识相关的信息，让ChatGPT更好地理解你的需求，从而提供更准确、高效的回复，相关案例如下。

提问

请针对长时间坐在电脑前的上班族创作一篇有关人体工学椅的产品推广文案，要求突出产品的质量和实用性，不超过300字。

ChatGPT

　　在忙碌的工作日里，长时间坐在电脑前可能导致背部和颈部的疲劳。为了解决这个问题，我们推出了一款专为上班族设计的人体工学椅——座享椅。座享椅采用国际先进的人体工学设计，不仅能够有效支撑您的脊椎，还可以根据您的坐姿自动调整，确保每一个坐姿都是最佳姿势。

　　我们的椅子采用高品质材料制作，经久耐用。座垫使用记忆棉，可以减少臀部压力，提升坐着的舒适度。椅背的透气网格设计让您即使在夏日也能保持清爽，避免长时间坐着出汗的尴尬。

　　座享椅不仅关注您的健康，更是办公室的时尚选择。简洁的设计与任何办公环境都完美融合，既实用又不失格调。选择座享椅，让您的工作时光更健康，工作更有效率。立刻体验不一样的工作感觉，让您的每一天都充满活力和舒适！

1.2.7 使用不同视角

在平时的写作过程中，用户可以通过在不同的段落或章节中使用不同的视角，引入不同的人物、观点或经历，从而使文章更加生动。将这个思路运用到编写提示词中，可以让ChatGPT更好地完成创作任务，相关案例如下。

提问

请以第一人称视角创作一篇美食街探店的开场旁白文案。

ChatGPT

大家好，我是你们的美食探索者！今天，我空腹带着满满的好奇心，来到了这条闻名遐迩的美食街。这里，每一步都有惊喜，每一摊都有故事。从传统小吃到创新料理，从早餐到宵夜，美食街的每个角落都散发着诱人的香气和无限的风味。跟随我的脚步，一起探索这条美食街的每一道美味，寻找那些只属于我们的独特食物记忆。准备好了吗？让我们的味蕾启程，开启这场美食的冒险之旅吧！

1.2.8 加入种子词

种子词是指生成文章中需要包含的字词。在提示词中加入种子词，可以帮助ChatGPT模型更快地提取到恰当的文本数据，从而生成更为有效的答案，相关的案例如下。

提问

请根据种子词生成一篇手提袋产品的推广文案，不超过500个字，种子词：便携、时尚、精致。

ChatGPT

手提袋产品推广文案

随身携带，尽显时尚，品味精致生活——这正是我们为您精心打造的手提袋所带来的体验。

在如今快节奏的都市生活中，一款好的手提袋不仅是储物的工具，更是您时尚品位的象征。我们的手提袋设计注重"便携、时尚、精致"三大核心元素，旨在为都市男女提供一个完美的携带解决方案。

便携：轻巧的材质，合理的尺寸设计，让您无论是出行工作还是休闲旅行，都能轻松携带，应对各种场合。内部结构的巧妙布局，可容纳您的手机、钱包、化妆品等日常必需品，同时保持包包的轻盈与便捷。

时尚：我们的设计团队深入研究国际时尚趋势，将经典与现代元素巧妙融合，每一款手提袋都是对时尚理解的一次探索和呈现。多样的颜色与图案选择，无论是商务正装还是休闲装扮，都能完美匹配，彰显您的独特风格。

精致：选用优质材料，每一道工序都经过严格监控，确保每一个细节都达到尽善尽美。精细的缝合线条、光滑的拉链、精致的五金配件，每一处细节都体现出我们对品质的不懈追求。

此外，我们承诺为客户提供完善的售后服务，确保每一位用户的购买体验都能达到最高满意度。选择我们的手提袋，不仅是选择一个高品质的产品，更是选择了一种轻松、时尚、精致的生活方式。

现在就加入我们，开启您的时尚生活旅程。

1.3 ChatGPT 实战案例

前面介绍了ChatGPT的基本用法与使用技巧，帮助大家快速上手ChatGPT。本节将使用ChatGPT进行实战演练，利用案例的形式帮助大家熟悉ChatGPT的更多功能。

1.3.1 生成主图文案

主图文案是指在产品展示页面上显示的主图旁边的文字描述，它的目的是吸引潜在买家，并概述产品的特点、功能或优势，从而促使他们进一步了解并购买该产品。运用ChatGPT可以快速生成主图文案，具体的操作方法如下。

步骤 01 在ChatGPT的输入框中输入相应的提示词，让ChatGPT提供特定产品的受众需求，相关的提示词和回复内容如下。

🅡 提问

请帮我分析一下年轻人对洗发水产品的需求和喜好。

🅢 ChatGPT

年轻人对洗发水产品的需求和喜好受到多种因素的影响，包括个人偏好、生活方式、环境意识和健康考虑等。以下是一些可能影响年轻人对洗发水的需求和喜好的因素。

1. 天然成分和无化学添加物：许多年轻人越来越注重产品的成分，倾向于选择天然、无害化学添加物的洗发水。他们可能更喜欢有机或植物提取的产品，因为它们通常被认为对头发和头皮更温和。

2. 可持续性和环保：许多年轻人对环境问题有较高的意识，他们可能更倾向于选择使用环保包装和可持续生产方法的产品，例如可回收的包装和无残留的配方。

3. 个性化需求：年轻人往往更倾向于个性化的产品，因此可能更喜欢那些能够满足不同头发类型和需求的洗发水，例如针对干燥、油性、卷曲或染烫头发的特定配方。

4. 品牌和市场宣传：年轻人可能会受到品牌形象、广告宣传和社交媒体影响。他们可能更愿意购买与自己的身份或个人价值观相契合的品牌的产品。

5. 价格和性价比：尽管一些年轻人可能愿意为高端产品买单，但对大多数人来说，价格仍然是一个重要的考量因素。他们可能更倾向于价格适中、性价比高的产品。

6. 香气和口味：一些年轻人可能会受到洗发水的香味吸引，他们可能更喜欢某种特定的香味或系列。

7. 方便性：对于生活节奏较快的年轻人，方便使用的洗发水可能更受欢迎，例如2合1洗发水和护发素，或者是旅行便携包装。

总的来说，年轻人对洗发水产品的需求和喜好是多元的，受到个人偏好、健康意识、环保观念及社会文化的影响。品牌可以通过了解和满足这些需求，制定更符合年轻人口味的产品和营销策略。

步骤02 在同一个输入框中继续输入提示词，让ChatGPT结合受众需求，提炼出产品的亮点和优势，相关的提示词和回复内容如下。

提问

请结合受众需求，提炼出修护型洗发水的亮点和优势。

ChatGPT

针对年轻人的修护型洗发水，可以提炼出以下亮点和优势。

1. 天然修复配方：采用天然成分和植物提取物制成的修护型洗发水，能够有效修复受损发质，滋养头发并改善头皮健康，符合年轻人对天然、无害成分的偏好。

2. 多重修复功能：提供多重修复功能，包括修复干燥、断裂、分叉等发质问题，使头发恢复柔软、光泽和弹性，符合年轻人对头发健康的追求。

3. 深层滋养与保湿：在洗发水中添加的滋养成分能够深层滋润头发，提供长时间的保湿效果，使头发远离干燥、毛糙等问题，让发丝更加柔顺。

4. 防止外部损伤：具备防护功能，能够形成一层保护膜，防止外部环境对头发的损伤，如阳光、污染等，使头发更加健康。

5. 温和不刺激：采用温和配方，不含有害化学物质，不刺激头皮，适合肌肤敏感的年轻人使用，同时保持洗发体验舒适。

6. 香氛体验：添加天然香精，赋予产品宜人的香气，增强使用者的沐浴体验，符合年轻人对品牌形象和产品感官体验的追求。

7. 环保包装：使用环保包装材料，符合年轻人对环保的关注，体现品牌的社会责任感和可持续发展理念。

步骤03 在同一个输入框中继续输入提示词，让ChatGPT根据以上信息，撰写修护型洗发水的电商主图文案，相关的提示词和回复内容如下。

提问

请根据以上信息，撰写修护型洗发水的电商主图文案，要求语言精简，突出产品亮点。

ChatGPT

主图：展示一瓶精美的修护型洗发水，背景以清新的自然景色为主，配以头发柔顺的效果图。

文案：

- 重拾秀发健康，从这瓶开始！
- 天然修复配方，一抹柔顺，呵护秀发根本！
- 深层滋养，告别干燥毛糙，拥抱水润轻盈！
- 防护双重屏障，抵御外部伤害，守护秀发健康！
- 温和配方，呵护敏感头皮，洗发舒适不刺激！
- 自然香氛，享受沐浴般的护发体验！
- 环保包装，我们与你一起守护地球家园！
- 让每一次洗发，都是对秀发的呵护与照顾！

这样的主图文案简洁明了，突出了修护型洗发水的亮点。

1.3.2 生成视频脚本

视频脚本是描述视频中内容和细节的文稿，它详细描述了场景、动作、表情和特殊效果等元素。用户可以向ChatGPT提供视频的基本概念、主题、人物设定等信息，然后通过ChatGPT生成结构化的视频脚本草案。这种方法可以大大提高脚本创作的效率和多样性，同时帮助用户从不同的角度思考和完善他们的创意想法，下面介绍具体的操作方法。

步骤01 在ChatGPT的输入框中输入对话前提，确认ChatGPT是否了解视频脚本，相关的提示词和回复内容如下。

提问

什么是视频脚本？

ChatGPT

视频脚本是一种专门用于影视制作的文档，它详细描述了视频内容的每一个部分，包括对话、场景、动作和特定的视觉效果。视频脚本是导演、演员、摄影师，以及其他制作团队成员共同参考的蓝图，确保视频制作的各个环节都能精确地按照预设的剧情和风格进行。

通常，一个视频脚本会包括以下几个部分。

1. 场景编号：每个场景都有一个独立的编号，方便制作过程中的管理和参考。

2. 场景设置：描述场景的地点和时间，比如"外景，白天，海滩"。

3. 动作说明：描述场景中发生的具体动作和事件，如角色的行动和环境的变化。

4. 对话：角色的具体台词。

5. 视觉效果：特定的视觉效果指示，如特效、过渡和视觉风格的描述。

6. 音效和音乐：指示何时使用特定的音效或音乐。

视频脚本的撰写需要考虑视频的目标观众、传达的信息，以及预期的视觉和听觉效果，是视频制作过程中的关键组成部分。

步骤02 为ChatGPT设定身份，让其按照要求生成视频脚本，相关的提示词和回复内容如下。

R 提问

你是一名专业的摄影博主,正在写一个关于音乐歌舞会的视频脚本,脚本中需要包括当下短视频的热门元素,开篇5s迅速吸引人的眼球,文案侧重于情绪表达,用表格的形式呈现。

ChatGPT

下面是一个关于音乐歌舞会视频脚本的概述,我用表格的形式呈现出来,专注于开篇迅速吸引观众的元素和情绪表达。

序号	场景描述	动作和视觉效果	对话或文案	音效和音乐
1	开篇,夜晚的露天舞台	快速剪辑:人群的脚步声、舞者穿梭、灯光闪烁	"今夜,我们共舞"(旁白)	动感电子音乐起,节奏强烈
2	舞台中央的聚光灯下	主舞者穿着亮眼的服装,进行现代舞蹈动作	无对话,以情感表达为主	音乐节奏加快,更具感染力
3	观众视角	观众(年轻人,情侣等)被音乐吸引,开始跟着节奏摇摆	"让心跳随着节奏律动"(文案,屏幕弹出)	背景音乐混合现场的欢呼声
4	高空航拍	无人机拍摄舞台和观众区的全景,显示人群的热情与规模	无对话,情绪高涨	舞曲达到高潮,音量增大

这个脚本设计使视频开篇就具有强烈的视觉和听觉冲击,迅速吸引观众的注意力,同时通过现场的动感和观众的参与展现出浓厚的情绪氛围。希望这可以作为你音乐歌舞会视频的灵感!

1.3.3 生成风格插画

ChatGPT能够通过解析详细的文字描述,创建栩栩如生的图像,用户可以以此来生成各种艺术风格和主题的插画,效果如图1-17所示。

扫码看教学视频

图 1-17 ChatGPT 根据提示词生成的插画效果

下面介绍生成风格插画的具体操作方法。

步骤01 在ChatGPT的输入框中输入相应的提示词，让其生成水墨风插画，如图1-18所示。

图 1-18 输入相应的提示词

步骤02 按【Enter】键确认，随后ChatGPT将根据用户提供的提示词，生成相应的水墨风插画。

1.3.4 分析图片内容

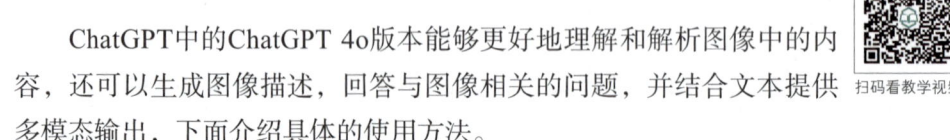

ChatGPT中的ChatGPT 4o版本能够更好地理解和解析图像中的内容，还可以生成图像描述，回答与图像相关的问题，并结合文本提供多模态输出，下面介绍具体的使用方法。

步骤01 单击ChatGPT主页左上方ChatGPT 4旁的下拉按钮∨，在弹出的下拉列表框中选择GPT-4o选项，如图1-19所示，即可切换至ChatGPT 4o版本。

图 1-19 选择 GPT-4o 选项

步骤02 单击ChatGPT 4o输入框左侧的 🔗 按钮，在弹出的面板中，单击"从电脑中上传"按钮，如图1-20所示。

第1章　ChatGPT入门与实战

图 1-20　单击"从电脑中上传"按钮

步骤 03 弹出"打开"对话框，选择需要分析的图片，然后单击"打开"按钮，如图1-21所示。

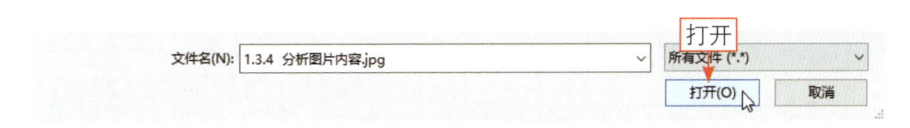

图 1-21　单击"打开"按钮

步骤 04 输入相应的提示词，如图1-22所示，让ChatGPT 4o分析图片内容。

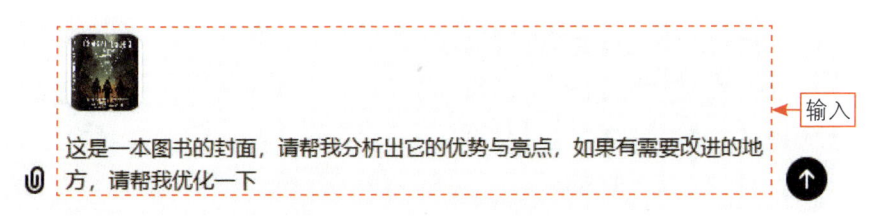

图 1-22　输入相应的提示词

25

步骤 05 按【Enter】键确认，随后ChatGPT 4o将分析用户提供的提示词和图片，提供封面建议，相关的回复内容如下。

ⓢ ChatGPT

这本图书的封面设计具有以下优势与亮点。

优势与亮点

1. 强烈的视觉吸引力

・封面图像采用了两个探险者进入森林的场景，背景是神秘的森林和明亮的光源，营造出探险和未知的氛围，吸引读者的好奇心。

・颜色对比鲜明，深色的森林背景和亮色的光源形成强烈的视觉冲击。

2. 明确的标题和副标题

・以"ChatGPT+DALL·E 3"作为主标题，明确传达了本书的主题，即人工智能生成内容的提示和技巧。

・副标题"AI提示文案与绘画技巧大全"进一步阐述了书的内容，告诉读者这是一本关于AI文案提示和绘画技巧的综合指南。

3. 内容丰富的说明

・封面上列出了"150多分钟教学视频+1130多个实操案例解析"，展示了书的实用性和丰富的学习资源。

・提到"海量资源赠送"以及具体的资源内容，增加了书的吸引力。

4. 清晰的出版社信息

・封面底部展示了出版社的相关信息，使读者知道这是由专业机构出版的，有一定的权威性。

需要改进的地方及优化建议

1. 排版调整

・文字信息较多，可以考虑优化排版，使文字更易读。比如，增加标题与副标题之间的间距，突出主要卖点信息。

2. 增加清晰的购买或扫描引导

・封面上有扫描二维码的图标，但没有明确说明二维码的用途。可以添加简短的说明，如"扫描二维码获取更多信息或资源"。

3. 封面上的元素过多

・封面上的图像和文字信息都比较多，容易让读者感到信息过载，可以考虑减少一些次要的信息，将重点放在书的主要卖点上。

优化后的封面设计建议

·简化文字信息：将主要卖点"150多分钟教学视频＋1130多个实操案例解析"放大突出，次要信息如资源赠送可以放在背面或内页。

·优化排版：增加主标题和副标题之间的间距，使主要信息更加清晰。

·明确二维码用途：在二维码旁增加简短的说明，如"扫描获取更多资源"。

·视觉引导：在封面下方添加一个箭头或其他视觉元素，引导读者注意到二维码和扫描说明。

这样调整后，封面不仅保持了原有的视觉冲击力和信息的丰富性，同时也更易读，信息传达更加明确。

1.3.5 进行市场分析

ChatGPT可以用来帮助收集、解析和理解市场相关的数据和信息，处理大量的文本信息，从而提供深入的见解和建议。通过对话交互，用户可以向ChatGPT提出具体的问题，获取即时的分析结果和解释，帮助企业在快速变化的市场环境中作出更明智的决策。下面介绍让ChatGPT进行市场分析的操作方法。

步骤 01 让ChatGPT生成可供市场分析的文本，相关的提示词和回复内容如下。

🅡 提问

请给我一段可供ChatGPT进行市场分析的文章样本。

⬢ ChatGPT

这里有一段市场分析的文章样本，可以作为ChatGPT处理类似主题的参考。

市场分析

2024年全球智能手机市场趋势

随着技术的不断进步和消费者需求的日益增长，全球智能手机市场在2024年表现出显著的增长趋势。据市场研究机构发布的最新报告，预计2024年全球智能手机销量将达到15亿台，相比2023年增长约5%。

市场细分

在市场细分方面，高端智能手机的市场份额继续增长，这主要得益于消费者对高质量摄影功能和长效电池寿命的追求。

地理分析

从地理角度看，亚洲市场由于中产阶级人口的增加和移动互联网的普及，成为智能手机销量增长最快的区域。此外，北美和欧洲市场在更新换代的需求和企业需求的推动下，也显示出稳定的增长态势。

市场挑战

尽管市场前景看好，但智能手机行业也面临诸多挑战，包括供应链的不确定性、全球经济的波动，以及隐私和数据安全问题的日益严峻。

结论

总体来说，全球智能手机市场在2024年将继续呈现增长态势，但企业需要关注持续的技术革新和市场动态，以应对不断变化的竞争环境和市场需求。

这篇文章为企业提供了全面的市场洞察，这种类型的分析能帮助企业制定更有效的市场策略和决策。

步骤02 在输入框中输入相应的提示词，让ChatGPT根据给出的文章样本进行市场分析，相关的提示词和回复内容如下。

提问

根据上面的文本进行市场分析。

ChatGPT

根据上述市场分析文本，我们可以从几个关键方面详细地了解2024年全球智能手机市场的情况和趋势。

1. 市场增长预测

预计2024年全球智能手机销量将达到15亿台，年增长率约为5%。这一增长表明智能手机市场依旧拥有强劲的需求动力，尤其是随着技术的进步和消费者需求的增加。

2. 市场细分

高端智能手机市场份额继续增长，主要受到消费者对高质量摄影功能和长效电池寿命追求的推动。这表明市场上的消费者越来越倾向于选择功能更为强大、性能更为优异的高端产品。

3. 地理分布

亚洲市场，特别是中国和印度，由于中产阶级人口的增加和移动互联网的普及，成为智能手机销量增长最快的区域。这一趋势说明在这些区域，智能手机市场仍有很大的扩展空间。

北美和欧洲市场也显示出稳定的增长，这主要是由于这些地区消费者更新换代需求和企业需求的推动。

4. 面临的挑战

智能手机行业面临的挑战包括供应链的不确定性、全球经济的波动，以及隐私和数据安全问题。这些因素可能会影响市场的稳定性和企业的长期发展。

5. 结论

总体来说，全球智能手机市场展现出积极的增长趋势，但企业需要密切关注技术革新和市场动态，以适应竞争环境和市场需求的变化。这要求企业不仅要在产品和技术上进行创新，同时也要优化其供应链管理，应对经济和安全方面的挑战。

这样的分析有助于企业制定出更为精准和高效的市场策略，以保持其在竞争激烈的市场中的优势地位。

1.3.6 生成曲线分析图

曲线分析图一般用于展示数据点之间的变化趋势和关系，这种图表通常由一系列的点连成的曲线构成，可以清晰地显示数据在一定时间内或在不同条件下的变化。使用ChatGPT可以快速生成曲线分析图，具体操作如下。

步骤01 在ChatGPT的输入框中输入相应的提示词，让ChatGPT提供一份可供生成曲线分析图的文本，相关的提示词和回复内容如下。

提问

我想使用ChatGPT生成曲线分析图，请你向我提供一个假想的公司在过去12个月中每月的销售额变化。

ChatGPT

这里是一个假想公司过去12个月的销售额数据（单位：万元）：

一月：120

二月：125

三月：150

四月：130

五月：160

六月：170

七月：180

八月：175

九月：165

十月：190

十一月：200

十二月：210

这些数据可以用来观察公司的销售趋势，分析季节性变化等。你可以使用各种图表软件或编程工具来绘制曲线分析图，展示每月销售额的变化趋势。

步骤 02 在输入框中输入"请你根据以上内容生成曲线分析图"，按【Enter】键确认，ChatGPT将绘制出相应的图表，效果如图1-23所示。

接下来，我将用这些数据来生成一张销售额变化的曲线分析图。请稍等一下。

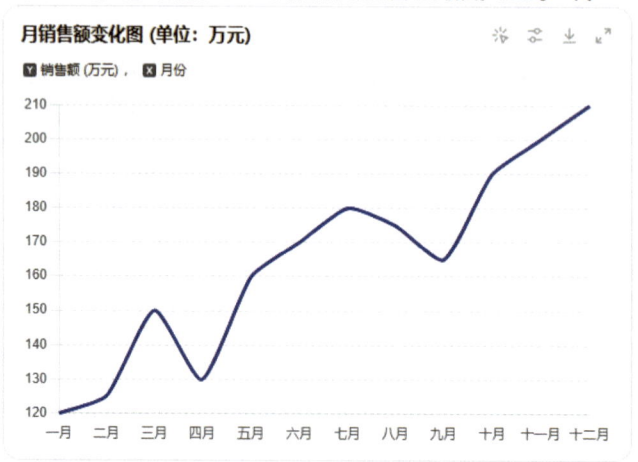

月销售额变化图 (单位：万元)

这是根据假想公司的销售额数据生成的月销售额变化图。如图所示，公司在过去十二个月中的销售额有明显的上升趋势。如果有其他需求或需要进一步的定制，请随时告诉我！

图 1-23 ChatGPT 绘制的曲线分析图效果

第 2 章　DALL·E 入门与实战

DALL·E是由OpenAI开发的图像生成模型，目前已更新到第3代，它能够将文本提示作为输入，并生成新图像作为输出。本章将向大家详细介绍DALL·E的使用方法与使用技巧，帮助大家更快地了解DALL·E。

2.1 DALL·E快速上手

2021年1月，OpenAI发布了第一代DALL·E模型，它能够利用深度学习技术，理解输入的文字提示，并据此创造出符合描述的图片。如今，OpenAI已经发布了第三代DALL·E，也就是DALL·E 3，DALL·E 3拥有更强大的图像生成能力，可以根据文本提示词生成各种风格的高质量图像。本节将介绍DALL·E的基本操作方法，帮助大家快速上手。

2.1.1 DALL·E的特点

DALL·E可以根据文本描述生成图像，从而实现将自然语言转化为视觉内容的能力。以下是一些关于DALL·E的主要特点和功能介绍。

❶ 文本到图像生成：DALL·E能够根据用户提供的文本描述，生成与描述相符的图像。

❷ 多样化和创意性：DALL·E具备生成高度多样化和具有创意的图像的能力。它可以处理不同风格、不同主题和复杂的场景组合。

❸ 细节和逼真度：DALL·E生成的图像通常具有很高的细节水平和逼真度，这得益于模型在大规模图像和文本数据上的训练。

❹ 应用场景：DALL·E可用于广告、设计、艺术创作、教育、娱乐等多个领域。例如，设计师可以利用DALL·E来快速生成概念图，艺术家可以从中获得灵感，教育工作者可以用它来创建生动的教学材料。

❺ 版本的更新：DALL·E有多个版本，每个版本在性能和功能上都有所提升。例如，DALL·E 3相较于上一代DALL·E，生成的图像质量更高，理解文本描述的能力也更强。

总体而言，DALL·E是一种强大的人工智能工具，能够将文本描述转化为视觉艺术，从而为各种创意和实际应用提供支持。

2.1.2 搜索并安装DALL·E

OpenAI推出了可自定义版本的ChatGPT，也就是GPT，它能够根据用户的需求和偏好，创建一个完全定制的ChatGPT。无论是要一个能帮忙梳理电子邮件的助手，还是一个随时提供创意灵感的伙伴，GPT都能让这一切变成可能。

简而言之，GPT允许用户根据特定需求创建和使用定制版的AI模型，这些定制版的AI模型被称为GPT，而DALL·E是ChatGPT官方推出的GPT，大家只需在GPT商店中找到DALL·E便可直接使用，下面介绍具体的操作方法。

步骤01 在ChatGPT主页的侧边栏中，单击"探索GPT"按钮，如图2-1所示。

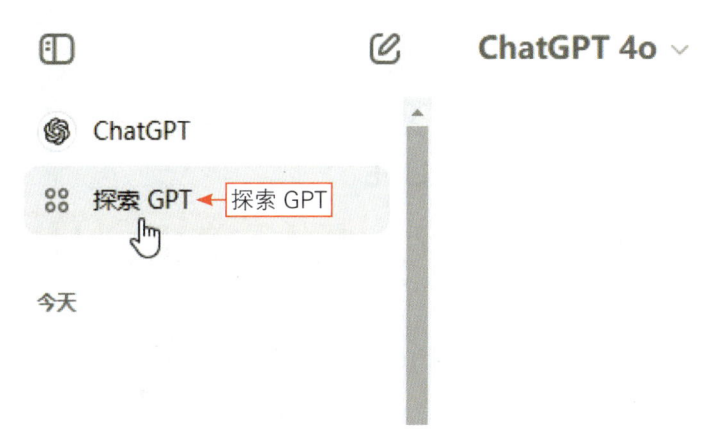

图2-1 单击"探索GPT"按钮

步骤02 进入GPT商店页面，用户可以在此选择自己想要添加的GPT，也可以直接在搜索框中输入GPT的名称快速找到GPT。例如，在输入框中输入DALL·E，在弹出的列表中选择DALL·E选项，如图2-2所示。

图2-2 选择DALL·E选项

步骤03 弹出相应的对话框，在该对话框中能够看到该GPT的详细信息，单

33

击"开始聊天"按钮,如图2-3所示。

步骤04 跳转至新的ChatGPT页面,此时正处在该GPT的操作界面中,单击左上方DALL·E旁边的下拉按钮 ⌄,在弹出的下拉列表框中选择"保留在边栏中"选项,如图2-4所示,即可将该GPT保留在边栏中,可以方便用户下次使用。

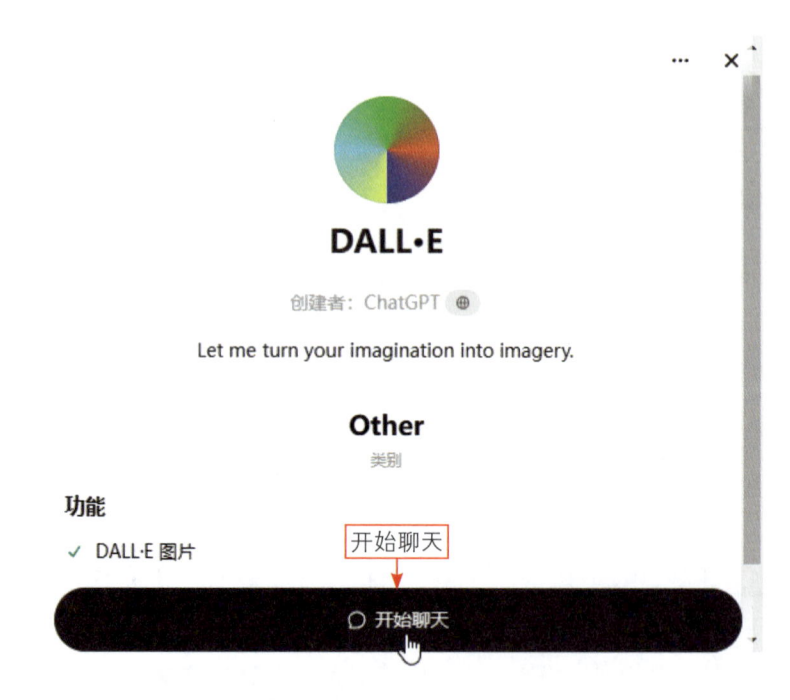

图2-3 单击"开始聊天"按钮

图2-4 选择"保留在边栏中"选项

步骤 05 如果用户想将边栏中的GPT删掉，可以单击该GPT右侧的相应按钮…，在弹出的面板中单击"从边栏中隐藏"按钮，如图2-5所示，即可将GPT从边栏中删除。

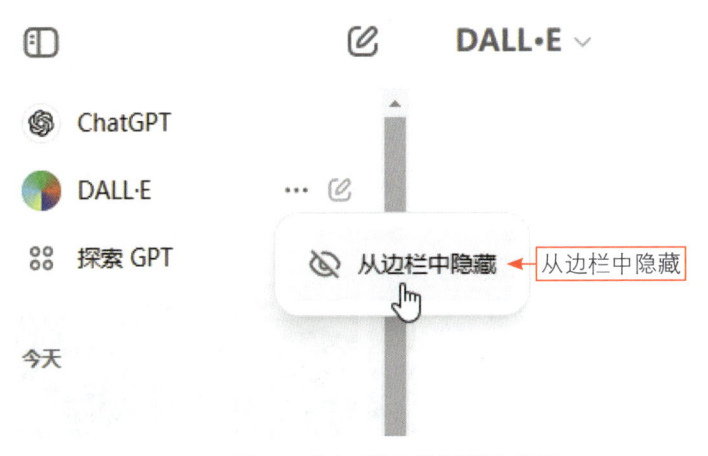

图 2-5　单击"从边栏中隐藏"按钮

2.1.3　DALL·E的使用方法

【效果展示】DALL·E的用法与常规的ChatGPT较为相似，只需在输入框中输入相应的提示词，DALL·E便会根据提示词作出相应的反应，效果如图2-6所示。

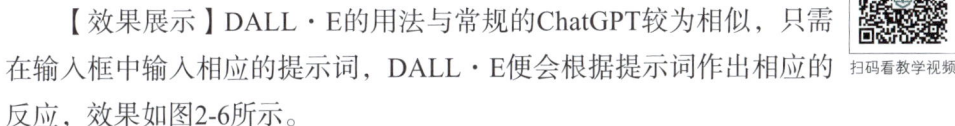

扫码看教学视频

图 2-6　DALL·E根据提示词生成的图片效果

下面介绍DALL·E的使用方法。

步骤01 在DALL·E页面下方的输入框中输入提示词，如"一片平静的湖泊，对称构图"，如图2-7所示。

图 2-7 输入相应的提示词描述

步骤02 按【Enter】键确认，即可发送提示词，稍等片刻，DALL·E将根据用户提供的提示词生成相应的图片，效果如图2-8所示。

图 2-8 DALL·E根据提示词生成图片

步骤03 选择其中一张图片进行保存，例如这里选择第1张图片，单击第1张图片，放大预览，单击右上角的"保存"按钮，如图2-9所示。

图 2-9 单击"保存"按钮

步骤04 弹出"另存为"对话框,选择合适的保存位置,单击"保存"按钮,如图2-10所示,即可保存图片。

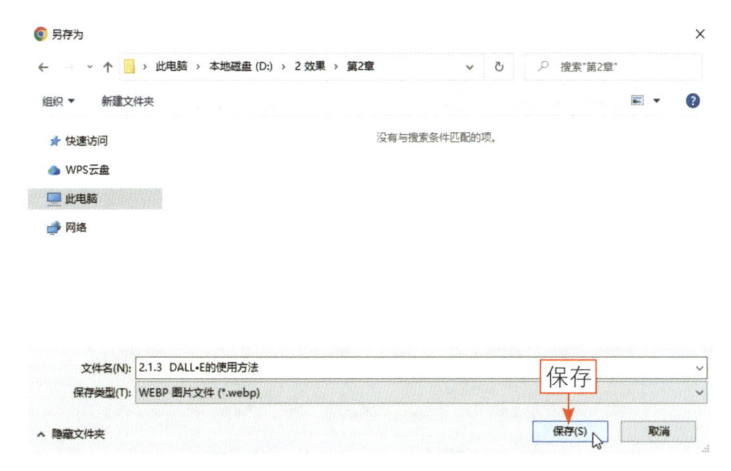

图 2-10 单击"保存"按钮

2.1.4 提示词执行能力

【效果展示】DALL·E生成的图片在图像质量和细节上都表现得十分优秀,除此之外,DALL·E还具有强大的提示词执行能力。据官方介绍,DALL·E比以往的系统更能理解细微差别和细节,让用户可以更加轻松地将自己的想法转化为非常准确的图像,用户只需输入相应的提示词,DALL·E便可以生成完全符合提示词的图像,效果如图2-11所示。

扫码看教学视频

图 2-11 DALL·E 根据提示词生成的图像效果

下面将举例展示DALL·E的提示词执行能力。

步骤01 打开ChatGPT，进入DALL·E的操作界面，在输入框内输入相应的提示词，如图2-12所示。

一副水墨速写风格的插画，一只小猪用它的手拿着一块西瓜，闭着眼睛高兴地咬了几口　　　　　　　　　　　　　　　　　　　　　　　　　输入

图2-12　输入相应的提示词

步骤02 按【Enter】键确认，随后DALL·E将根据用户提供的提示词，生成相应的图片，如图2-13所示。

这里有两幅水墨速写风格的插画，描绘了一只小猪高兴地咬着西瓜的场景。希望你喜欢这两幅轻松愉快的作品。

图2-13　DALL·E根据提示词生成两张图片

★ 专家提醒 ★

从图2-13可以看出，DALL·E能很好地理解"闭着眼睛高兴地咬了几口"这样的自然语言，并准确呈现出对应的形象细节。

2.1.5　提示词处理能力

【效果展示】DALL·E能够理解和解释复杂的文本描述，包括抽象概念、细节描述及各种指令。在处理更长、更复杂的提示词时，DALL·E可以在画面中完整呈现提示词中的各类元素和特征，效果如图2-14所示。

扫码看教学视频

第2章　DALL·E入门与实战

图 2-14　DALL·E 根据复杂的提示词生成的图像效果

下面将举例展示DALL·E的提示词处理能力。

步骤 01　在DALL·E的输入框内输入较为复杂的提示词，如图2-15所示。

> 想象一座位于浩瀚星空下的梦幻城堡，城堡高耸入云，其塔尖定远绽放着魔法般的光芒，似乎在召唤远方的旅人。在这座城堡的前方，有一条由光芒铺成的道路，引领着来访者进入这个神秘的世界　← 输入

图 2-15　输入复杂的提示词

步骤 02　按【Enter】键确认，随后DALL·E将根据用户提供的提示词，生成相应的图片，如图2-16所示，用户可以选择其中一张进行保存。

这里是两幅描绘梦幻城堡的图像，希望你喜欢！如果你对它们有任何修改建议，请告诉我。

图 2-16　DALL·E 根据提示词生成两张图片

39

2.2 DALL·E核心使用

在使用DALL·E生成图像时，用户需要输入一些与所需绘制内容相关的提示词，也就是"绘画指令"，以帮助DALL·E更好地定位主体和激发创意。本节将以案例的形式向用户介绍使用提示词增强DALL·E 3图片渲染品质的方法，进而提升AI绘画作品的艺术感和专业性。

2.2.1 提升照片摄影感

【效果展示】摄影感（photography）这个提示词在使用DALL·E生成摄影照片时有非常重要的作用，它通过捕捉静止或运动的物体，以及自然景观等表现形式，并通过选择合适的光圈、快门速度、感光度等相机参数来控制DALL·E的出片效果，例如亮度、清晰度和景深程度等，效果如图2-17所示。

图 2-17 添加提示词 photography 生成的图片效果

下面介绍使用DALL·E添加提示词的具体操作方法。

步骤 01 在DALL·E的输入框内输入相应的提示词，如"阳光下，樱花满地，一只小兔子，极致的细节，photography"，如图2-18所示。

图 2-18 输入相应的提示词

步骤02 按【Enter】键确认，随后DALL·E将生成添加提示词photography后的图片效果，如图2-19所示。照片中的亮部和暗部都能保持丰富的细节，并具有丰富多彩的色调效果。

图 2-19　DALL·E 根据提示词生成的图片效果

2.2.2　逼真的三维模型

【效果展示】在使用DALL·E进行AI绘画时添加提示词C4D Renderer（Cinema 4D 渲染器），可以创建出非常逼真的三维模型效果，并对其进行定向光照、阴影、反射等处理，从而打造出各种优秀的视觉效果，如图2-20所示。

图 2-20　添加提示词 C4D Renderer 生成的图片效果

下面介绍使用DALL·E添加提示词的具体操作方法。

步骤01 在DALL·E的输入框内输入相应的提示词，如"一个3D效果的卡通人物，穿着背带裤，可爱梦幻，C4D Renderer"，如图2-21所示。

图 2-21　输入相应的提示词

步骤02 按【Enter】键确认，随后DALL·E将生成添加提示词C4D Renderer后的图片效果，如图2-22所示。

图 2-22　DALL·E根据提示词生成的图片效果

★ 专家提醒 ★

C4D Renderer指的是Cinema 4D软件的渲染引擎，它是一种拥有多种渲染选项的三维图形制作软件，包括物理渲染、标准渲染及快速渲染等方式，广泛用于电影、电视、广告和游戏等领域。

2.2.3　制作虚拟场景

【效果展示】使用Unreal Engine（虚幻引擎）能够创建高品质的三维图像。在DALL·E中，使用提示词Unreal Engine可以在虚拟环境中创建各种场景，从而实现高度还原真实世界的画面效果，如图2-23所示。

图 2-23　添加提示词 Unreal Engine 生成的图片效果

下面介绍使用DALL·E添加提示词生成虚幻场景的操作方法。

步骤 01　在DALL·E的输入框内输入相应的提示词，如"一片花海，超高清，风景，云，层次分明，色彩丰富，Unreal Engine"，如图2-24所示。

图 2-24　输入相应的提示词

步骤 02　按【Enter】键确认，随后DALL·E将生成添加提示词Unreal Engine后的图片效果，如图2-25所示。

Here are the images of the vibrant sea of flowers landscape created with Unreal Engine. Let me know if there's anything else you'd like to adjust or add!

图 2-25　DALL·E 根据提示词生成的图片效果

2.2.4 提升照片的艺术性

【效果展示】Quixel Megascans包含大量现实世界中的3D模型、材质和表面纹理，广泛应用于游戏开发、电影制作、建筑可视化等领域。在使用DALL·E进行生图时，添加提示词Quixel Megascans Render（真实感）可以提升DALL·E生成图片的艺术性，效果如图2-26所示。

图 2-26　添加提示词 Quixel Megascans Render 生成的图片效果

下面介绍使用DALL·E添加提示词的具体操作方法。

步骤 01　在DALL·E的输入框内输入相应的提示词，如"一个女孩坐在图书馆里，真实的摄影照片，背面的拍摄角度，温柔安静，长发，蓝色长裙，温柔的阳光，细节清晰，Quixel Megascans Render"，如图2-27所示。

一个女孩坐在图书馆里，真实的摄影照片，背面的拍摄角度，温柔安静，长发，蓝色长裙，温柔的阳光，细节清晰，Quixel Megascans Render ← 输入

图 2-27　输入相应的提示词

★ 专家提醒 ★

Quixel Megascans Render通常指的是利用Quixel Megascans资产进行渲染的一个过程。

步骤 02　按【Enter】键确认，随后DALL·E将生成添加提示词Quixel Megascans Render后的图片，效果如图2-28所示。

图 2-28 DALL·E 根据提示词生成的图片效果

2.2.5 光线追踪效果

【效果展示】使用Ray Tracing（光线追踪）引擎可以在渲染场景时更为准确地模拟光线与物体之间的相互作用，从而创建更逼真的影像效果。使用提示词Ray Tracing可以让DALL·E生成的场景更逼真，从而令画面更加自然，效果如图2-29所示。

扫码看教学视频

图 2-29 添加提示词 Ray Tracing 生成的图片效果

下面介绍使用DALL·E添加提示词的具体操作方法。

步骤 01 在DALL·E的输入框内输入相应的提示词，如"一条安静的小巷，飘落着枫叶，自然光，专业拍摄，Ray Tracing"，如图2-30所示。

[图：输入框显示"一条安静的小巷，飘落着枫叶，自然光，专业拍摄，Ray Tracing"，标注"输入"]

图 2-30　输入相应的提示词

步骤 02 按【Enter】键确认，随后DALL·E将生成添加提示词Ray Tracing后的图片，效果如图2-31所示。

图 2-31　DALL·E 根据提示词生成的图片效果

2.2.6　体积渲染效果

【效果展示】体积渲染（Volume Rendering）主要用于模拟三维空间中的各种物质，在科幻电影制作上特别常见。通过使用Volume Rendering渲染技术，DALL·E可以生成具有高逼真效果的画面，提升作品的视觉美感，效果如图2-32所示。

图 2-32　添加提示词 Volume Rendering 生成的图片效果

第2章　DALL·E入门与实战

下面介绍使用DALL·E添加提示词的具体操作方法。

步骤01 在DALL·E的输入框内输入相应的提示词，如"一个穿着太空服的人漫步在五颜六色的星球上，8K分辨率，轻弹，怪诞的梦境，Volume Rendering"，如图2-33所示。

一个穿着太空服的人漫步在五颜六色的星球上，8K分辨率，轻弹，怪诞的梦境，Volume Rendering ← 输入

图2-33　输入相应的提示词

步骤02 按【Enter】键确认，随后DALL·E将生成添加提示词Volume Rendering后的图片，效果如图2-34所示。

图2-34　DALL·E根据提示词生成的图片效果

★ 专家提醒 ★

体积渲染在DALL·E中常用于创建逼真的烟雾、火焰、水、云彩等元素，使用该提示词可以捕捉和呈现物质内部和表面产生的亮度、色彩和纹理等特征。

2.2.7　光线投射效果

【效果展示】使用提示词光线投射（Ray Casting）可以有效地捕捉环境和物体之间的光线交互过程，还能在虚拟环境中控制光线、角

扫码看教学视频

47

度、景深等,并以更精确的方式模拟每个像素点的光照情况,实现更为逼真的画面渲染效果,如图2-35所示。

图2-35 添加提示词Ray Casting生成的图片效果

下面介绍使用DALL·E添加提示词的具体操作方法。

步骤01 在DALL·E的输入框内输入相应的提示词,如图2-36所示。

> 在一个宁静的森林小径上,阳光通过树叶的缝隙斑驳地照射在地面上,形成一幅美丽的光影图案。周围是郁郁葱葱的树木和各种植物,空气中弥漫着自然的芳香,Ray Casting ← 输入

图2-36 输入相应的提示词描述

步骤02 按【Enter】键确认,随后DALL·E将生成添加提示词Ray Casting后的图片,效果如图2-37所示。

这里是两张生成的图片,展示了一个宁静的森林小径,阳光透过树叶的缝隙斑驳地照射在地面上,形成美丽的光影图案。周围的树木和各种植物郁郁葱葱,空气中弥漫着自然的芳香。希望你喜欢!

图2-37 DALL·E根据提示词生成的图片效果

2.2.8 物理渲染效果

【效果展示】物理渲染（Physically Based Rendering）可以帮助AI尽可能地模拟真实世界中的光照、材质和表面反射等物理现象，以达到更加逼真的渲染效果，如图2-38所示。

图 2-38 添加提示词 Physically Based Rendering 生成的图片效果

★ 专家提醒 ★

Physically Based Rendering使用逼真的物理模型来计算光线如何传播和相互作用，从而更加精确地模拟真实世界中的不同光源、材质及着色器等特性。

下面介绍使用DALL·E添加提示词的具体操作方法。

步骤01 在DALL·E的输入框内输入相应的提示词，如"一只精致的水晶玻璃杯置于光滑的木桌上，房间内柔和的阳光从窗户斜射进来，产生绚丽的光谱反射和透明的阴影，周围环境温馨宁静，Physically Based Rendering"，如图2-39所示。

图 2-39 输入相应的提示词

步骤02 按【Enter】键确认，随后DALL·E将生成添加提示词Physically Based Rendering后的图片，效果如图2-40所示。

图 2-40　DALL·E 根据提示词生成的图片效果

2.3　DALL·E 实战案例

DALL·E可以为用户提供创作灵感，同时也可以应用于艺术插画、海报设计、工业设计、商业LOGO设计等领域，提高效率和降低成本，拓展艺术创作的可能性。本节将通过DALL·E介绍不同领域AI绘画作品的制作流程。

2.3.1　生成风格油画

【效果展示】风格油画强调通过颜色和构图来传达画家的情感和个人风格，用户可以通过输入提示词让DALL·E进行绘制，效果如图2-41所示。

图 2-41　DALL·E 生成的油画风格的插画效果

下面介绍生成油画风格插画的具体操作方法。

步骤 01 在DALL·E的输入框内输入相应的提示词，如"生成油画风格的插画：明亮的星空背景、波光粼粼的大海、远处的帆船、星空背景下的月亮。强调夜晚的宁静和神秘，突出星星和波浪的细节"，如图2-42所示。

图 2-42　输入相应的提示词

步骤 02 按【Enter】键确认，DALL·E将根据提示词生成油画风格的插画，效果如图2-43所示。

图 2-43　DALL·E生成油画风格的插画效果

★ 专家提醒 ★

利用DALL·E能够通过文本描述生成具有油画特点的视觉作品。油画风格插画的特点包括色彩丰富、层次感强及画面质感明显。油画通常通过多层颜料的叠加和细腻的笔触表现出细节和深度，使得作品具有独特的厚重感和立体感，呈现出浓烈的艺术氛围。

2.3.2　生成电影海报

【效果展示】电影海报是一种专门为电影制作的视觉艺术作品，用于吸引潜在观众的注意，激发他们对电影的兴趣，并传达电影的主题或情感基调。通过DALL·E可以快速设计电影海报，效果如图2-44所示。

扫码看教学视频

51

图 2-44　DALL·E 生成的电影海报效果

下面介绍生成电影海报的具体操作方法。

步骤01 在DALL·E的输入框中输入"生成一个科幻题材的电影海报",如图2-45所示。

图 2-45　输入相应的提示词描述

步骤02 按【Enter】键确认,DALL·E将根据提示词生成相应的电影海报,如图2-46所示。

图 2-46　DALL·E 生成的电影海报效果

步骤03 在输入框中继续输入"给海报添加一个主题,主题的内容为'战斗机械犬'，要求突出主题的风格特点"，按【Enter】键确认，DALL·E将根据提示词生成添加主题后的电影海报，如图2-47所示。

图 2-47　DALL·E 生成添加主题后的电影海报效果

2.3.3　生成美妆品牌LOGO

【效果展示】LOGO是品牌标志的核心，使用AI工具可以快速提供LOGO的设计方案，加快设计过程，效果如图2-48所示。

扫码看教学视频

图 2-48　DALL·E 生成的美妆品牌 LOGO 效果

下面介绍生成美妆品牌LOGO的具体操作方法。

步骤 01　在ChatGPT的输入框中输入"请提供一段美妆品牌LOGO的AI绘画提示词，60字左右，要求突出品牌的特点"，按【Enter】键确认，即可让

ChatGPT提供美妆品牌LOGO的AI绘画提示词，相关的提示词和回复内容如下。

R1 提问

请提供一段美妆品牌LOGO的AI绘画提示词，60字左右，要求突出品牌的特点。

ChatGPT

请生成一个美妆品牌的LOGO，突出自然、优雅和现代感。使用柔和的色调，搭配精致的花卉元素和流畅的线条，体现高端、环保和可持续的品牌理念。

步骤 02 将获取到的提示词输入到DALL·E的输入框中，如图2-49所示。

请生成一个美妆品牌的LOGO，突出自然、优雅和现代感。使用柔和的色调，搭配精致的花卉元素和流畅的线条，体现高端、环保和可持续的品牌理念。 ← 输入

图 2-49　输入相应的提示词

步骤 03 按【Enter】键确认，即可生成美妆品牌LOGO，效果如图2-50所示。

这里有两个设计选项，体现了美妆品牌的自然成分和可持续性理念。您更喜欢哪一个，或者是否有需要调整的地方？

图 2-50　DALL·E 生成美妆品牌 LOGO 效果

2.3.4　生成民俗节日插画

【效果展示】民俗节日插画是具体呈现和庆祝特定文化和地区传统民俗节日的插画类型，这种插画通常包含与该节日相关的元素，以庆祝和传播这些节日的独特意义，通过DALL·E可以快速生成民俗节日插画，

效果如图2-51所示。

图 2-51　DALL·E 生成的民俗节日插画效果

下面介绍生成民俗节日插画的具体操作方法。

步骤 01　输入相应的提示词，让ChatGPT提供生成民俗节日插画的AI绘画提示词，相关的提示词和回复内容如下。

提问

请提供一段民俗节日插画的AI绘画提示词，60字左右。

ChatGPT

明亮的圆月高挂在夜空，桂花树下放置着精美的月饼和茶壶，月光洒在湖面上，湖中倒映着月亮，旁边点缀着莲花灯笼，营造出宁静祥和的节日氛围。

步骤 02　将获取到的提示词输入到DALL·E的输入框中，按【Enter】键确认，随后DALL·E将生成民俗节日插画，效果如图2-52所示。

这里是两幅描绘中秋节美景的图片，希望你喜欢。月光皎洁，桂花树下精美的月饼和茶壶，湖面上的倒影和莲花灯笼，营造出宁静祥和的节日氛围。

图 2-52　DALL·E 生成的民俗节日插画效果

2.3.5　生成台灯产品图片

【效果展示】产品设计是指设计一个产品的过程，它涉及想象、规划和实现一个新产品或改善现有产品的步骤，设计师将确定具体的材料、尺寸、颜色和其他细节。通过DALL·E可以快速进行产品设计，效果如图2-53所示。

图 2-53　DALL·E 生成的产品图片效果

下面介绍生成产品图片的具体操作方法。

步骤 01 在ChatGPT的输入框中输入"产品设计中有哪些常见的产品类型？"按【Enter】键确认，即可向ChatGPT获取产品设计的信息，具体示例如下。

提问

产品设计中有哪些常见的产品类型？

ChatGPT

在产品设计中，常见的产品类型包括以下几类。

1. 消费电子产品：
· 智能手机、平板电脑、笔记本电脑、智能手表等。
· 这些产品通常需要考虑用户界面设计、外观设计和功能设计。

2. 家用电器：
· 电视、冰箱、洗衣机、微波炉等。

·设计时需要考虑用户体验、能效、外观和耐用性。

3. 软件产品：

·移动应用、桌面软件、云服务等。

·重点在于用户界面设计、用户体验、功能和安全性。

4. 汽车及交通工具：

·汽车、自行车、电动滑板车等。

·设计需要考虑人体工程学、安全性、性能和美观。

5. 医疗器械：

·医疗监测设备、手术工具、个人护理设备等。

·设计需高度注重安全性、功能性和用户舒适度。

6. 家具和家居用品：

·椅子、桌子、灯具、装饰品等。

·设计时要考虑美观性、舒适性和功能性。

7. 工业设备：

·工业机器人、机械设备、工具等。

·设计重点在于功能性、耐用性和易维护性。

每种产品类型在设计时都有特定的考虑因素和设计规范，设计师需要综合考虑用户需求、市场趋势、技术限制和生产成本等多方面的因素。

步骤 02 继续在ChatGPT中输入"请根据以上信息，提供一段台灯的AI绘画提示词示例，字数在80字左右"，按【Enter】键确认，即可生成相应的提示词，具体的示例如下。

提问

请根据以上信息，提供一段台灯的AI绘画提示词示例，字数在80字左右。

ChatGPT

设计一款现代化的台灯，风格简约时尚。灯体纤细，采用哑光金属材质，带有可调节的灯臂用于定向照明。灯具使用暖色LED光源，底座上有触控控制面板。将台灯放置在光线充足的房间内干净的白色桌子上。

步骤 03 将获取到的提示词输入到DALL·E的输入框中，按【Enter】键确认，即可生成台灯的产品图片，效果如图2-54所示。

图 2-54　DALL·E 生成的台灯产品图片效果

2.3.6　生成建筑设计效果

【效果展示】建筑设计是指创建建筑物和结构的过程，包括其功能、持久性和与环境的互动，通过DALL·E可以快速进行建筑设计，效果如图2-55所示。

扫码看教学视频

图 2-55　DALL·E 生成的建筑设计效果

下面介绍生成建筑设计效果的具体操作方法。

步骤01　向ChatGPT获取建筑设计的信息，在输入框中输入"有哪些类型的建筑设计？"按【Enter】键确认，即可让ChatGPT提供不同类型的建筑设计信息，具体示例如下。

第2章　DALL·E入门与实战

R1 提问

有哪些类型的建筑设计？

ChatGPT

建筑设计有很多种类型，主要包括以下几类。

1. 住宅建筑设计
- 独立住宅：单户独立房屋。
- 联排住宅：多户连排房屋。
- 公寓建筑：多层、多户住宅楼。
- 别墅：较为豪华的独立住宅。

2. 商业建筑设计
- 办公楼：用于商业办公的建筑。
- 商场和购物中心：包含多个商铺的综合商业建筑。
- 酒店：提供住宿和其他服务的商业建筑。
- 餐饮建筑：餐馆、咖啡馆等餐饮服务场所。

3. 公共建筑设计
- 教育建筑：学校、大学等教育机构建筑。
- 医疗建筑：医院、诊所等医疗机构建筑。
- 文化建筑：博物馆、图书馆、剧院等文化设施。

4. 工业建筑设计
- 工厂和制造厂：用于生产和制造的建筑。
- 仓库：用于存储货物和物资的建筑。
- 发电厂：用于生产能源的建筑。

5. 景观建筑设计
- 公园和花园：城市和乡村中的绿地和休闲空间。
- 纪念碑和雕塑：具有纪念意义和艺术价值的建筑和结构。

每种类型的建筑设计都有其独特的要求和特点，设计师需要根据功能、使用者的需求和环境条件等因素进行设计。

步骤 02　继续在ChatGPT中输入"请根据景观建筑设计的信息，提供一段公园的建筑设计AI绘画提示词示例，字数在80字左右"，按【Enter】键确认，即可生成景观建筑设计的提示词，具体的示例如下。

提问

请根据景观建筑设计的信息，提供一段公园的建筑设计AI绘画提示词示例，字数在80字左右。

ChatGPT

设计一个现代公园，包含广阔的绿地、蜿蜒的小径、丰富的花卉和树木，设有喷泉、凉亭和木质长椅，包括一个健身区和一个小湖泊，整体氛围自然且宁静。

步骤 03 将获取到的提示词输入到DALL·E的输入框中，按【Enter】键确认，即可生成景观建筑设计，效果如图2-56所示。

这两幅现代公园的设计图展现了广阔的绿地、蜿蜒的小径、丰富的花卉和树木，设有喷泉、凉亭和木质长椅。公园还包括一个健身区和一个小湖泊，整体氛围自然且宁静。希望你喜欢这些设计！如果有任何调整需求，请告诉我。

图 2-56　DALL·E 生成的景观建筑设计效果

第 3 章　Midjourney 入门与实战

　　Midjourney是一个通过人工智能技术进行绘画创作的工具，用户可以在其中输入文字、图片等提示内容，让AI机器人自动创作出符合要求的图片。本章主要介绍Midjourney的基础操作和使Midjourney绘画的技巧，帮助大家熟练掌握AI绘画。

3.1　Midjourney 快速上手

使用Midjourney绘画的关键在于输入的指令，如果用户想要生成高质量的图像，则需要大量地训练AI模型，并深入了解艺术设计的相关知识。本节将介绍Midjourney中的常用指令和操作，帮助大家快速上手Midjourney的基本操作方法。

3.1.1　常用指令

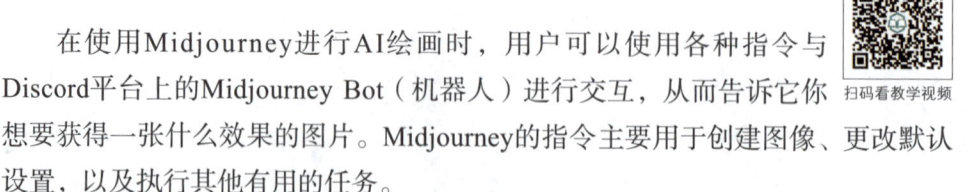

在使用Midjourney进行AI绘画时，用户可以使用各种指令与Discord平台上的Midjourney Bot（机器人）进行交互，从而告诉它你想要获得一张什么效果的图片。Midjourney的指令主要用于创建图像、更改默认设置，以及执行其他有用的任务。

如表3-1所示为Midjourney中常用的AI绘画指令。

表3-1　Midjourney 中常用的 AI 绘画指令

指　　令	描　　述
/ask（问）	得到一个问题的答案
/blend（混合）	轻松地将两张图片混合在一起
/daily_theme（每日主题）	切换 #daily-theme 频道更新的通知
/docs（文档）	在 Midjourney Discord 官方服务器中使用可快速生成指向本用户指南中涵盖的主题链接
/describe（描述）	根据用户上传的图像编写 4 个示例提示词
/faq（常见问题）	在 Midjourney Discord 官方服务器中使用，将快速生成一个链接，指向热门 prompt（提示词）技巧频道的常见问题解答
/fast（快速）	切换到快速模式
/help（帮助）	显示 Midjourney Bot 有关的基本信息和操作提示
/imagine（想象）	使用提示词生成图像
/info（信息）	查看有关用户的账号，以及任何排队（或正在运行）的作业信息
/stealth（隐身）	专业计划订阅用户可以通过该指令切换到隐身模式
/public（公共）	专业计划订阅用户可以通过该指令切换到公共模式
/subscribe（订阅）	为用户的账号页面生成个人链接
/settings（设置）	查看和调整 Midjourney Bot 的设置
/prefer option（偏好选项）	创建或管理自定义选项
/prefer option list（偏好选项列表）	查看用户当前的自定义选项
/prefer suffix（喜欢后缀）	指定要添加到每个提示词末尾的后缀

续表

指　　令	描　　述
/show（展示）	使用图像作业账号（Identity Document，ID）在 Discord 中重新生成作业
/relax（放松）	切换到放松模式
/remix（混音）	切换到混音模式

3.1.2　以文生图

【效果展示】Midjourney主要使用imagine指令和提示词等文字内容来完成AI绘画创作，用户尽量输入英文提示词，相关的案例效果如图3-1所示。注意，AI模型对于英文单词的首字母大小写格式没有要求，但每个提示词中间要添加一个逗号（英文字体格式）或空格。

图 3-1　效果展示

下面介绍在Midjourney中通过以文生图功能生成图像的具体操作方法。

步骤 01　在Midjourney下面的输入框内输入/（正斜杠符号），在弹出的列表中选择imagine指令，如图3-2所示。

图 3-2　选择 imagine 指令

步骤 02 在imagine指令后方的prompt输入框中输入相应的提示词，如图3-3所示。

图 3-3 输入相应的提示词

步骤 03 按【Enter】键确认，即可看到Midjourney Bot已经开始工作了，并显示图片的生成进度，如图3-4所示。稍等片刻，Midjourney将生成4张对应的图片。

步骤 04 单击V1按钮，如图3-5所示。V按钮的功能是以所选的图片样式为模板重新生成4张图片，每张图片都从左至右对应一个数字编号。

图 3-4 显示图片的生成进度　　　　图 3-5 单击 V1 按钮

步骤 05 执行操作后，Midjourney将以第1张图片为模板，重新生成4张图片。如果用户对重新生成的图片都不满意，可以单击 🔄（重做）按钮，如图3-6所示。

步骤 06 执行操作后，Midjourney将按照提示词重新生成一次图片，如图3-7所示。

步骤 07 在生成的4张图片中选择其中最满意的一张，例如这里选择第2张，单击U2按钮，如图3-8所示。

步骤 08 执行操作后，Midjourney将在第2张图片的基础上进行更加精细的刻画，并放大图片，效果如图3-9所示。

第3章 Midjourney入门与实战

图 3-6 单击重做按钮

图 3-7 重新生成图片

图 3-8 单击 U2 按钮

图 3-9 放大图片

步骤 09 在生成的大图下方单击Vary Subtle（非常微妙）按钮，将以该张图片为模板，重新生成变化较小的4张图片；单击Vary Strong（非常强烈）按钮，则重新生成变化较大的4张图片，如图3-10所示。

图 3-10 重新生成变化较小和变化较大的图片

65

★ 专家提醒 ★

Midjourney生成的图片下方的U按钮表示放大选中图片的细节。如果用户对4张图片中的某张图片感到满意，可以使用U1～U4按钮进行选择并生成大图效果。

3.1.3 以图生文与以图生图

【效果展示】在Midjourney中，用户可以使用describe指令上传图片，然后获取图片的提示词，这个过程称为以图生文。根据所获取的提示词和图片链接生成类似的图片，则称为以图生图，也称为"垫图"，效果如图3-11所示。

扫码看教学视频

图 3-11 效果展示

下面举例介绍以图生文与以图生图的具体操作方法。

步骤 01 在Midjourney下面的输入框内输入/，在弹出的列表中选择describe指令，如图3-12所示。

图 3-12 选择 describe 指令

步骤 02 执行操作后，在弹出的选项栏中选择image选项，如图3-13所示。

图 3-13 选择 image 选项

[步骤 03] 执行操作后，弹出相应的面板，用户可以将图片拖曳至面板中或单击面板中的上传按钮来上传文件，这里单击上传按钮，如图3-14所示。

[步骤 04] 弹出"打开"对话框，选择相应的图片，然后单击"打开"按钮，如图3-15所示。

图 3-14 单击上传按钮　　　　图 3-15 单击"打开"按钮

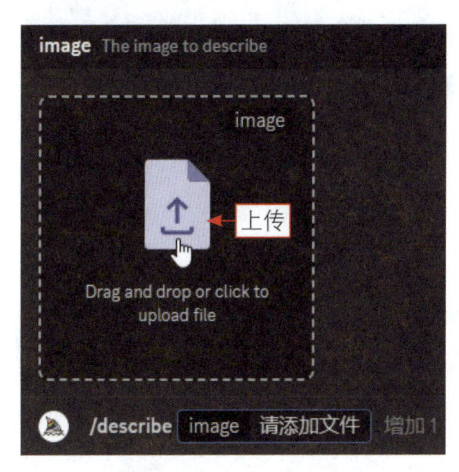

[步骤 05] 执行操作后，即可成功上传图片，按【Enter】键确认，Midjourney会根据用户上传的图片生成4段提示词，如图3-16所示。用户可以通过复制提示词或单击下面的1~4按钮，以该图片为模板生成新的图片效果。

[步骤 06] 单击下方的图片，在弹出的预览图下方单击"复制垫图网址（自动加逗号）"按钮，如图3-17所示，即可复制该图片链接。

[步骤 07] 在图片下方单击1按钮，如图3-18所示。弹出Imagine This!（想象一下！）对话框，在PROMPT文本框中的提示词前面粘贴复制的图片链接，如图3-17所示。注意，图片链接和提示词中间要添加一个空格。

67

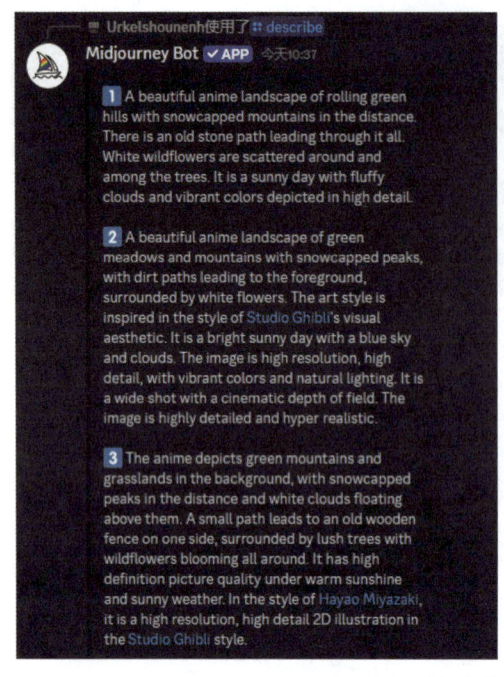

图 3-16 生成 4 段提示词

图 3-17 单击"复制垫图网址（自动加逗号）"按钮

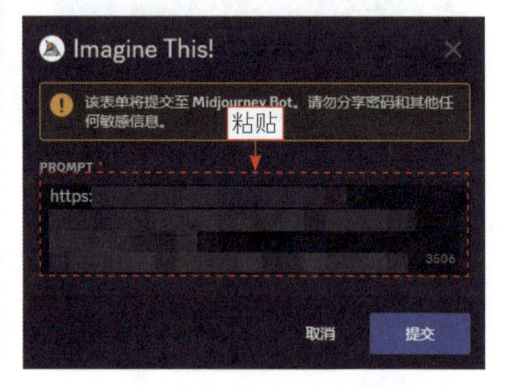

图 3-18 粘贴复制的图片链接

步骤 08 单击"提交"按钮，即可以参考图为模板生成4张图片，如图3-19所示，单击U1按钮，放大第1张图片，即可获得最终效果。

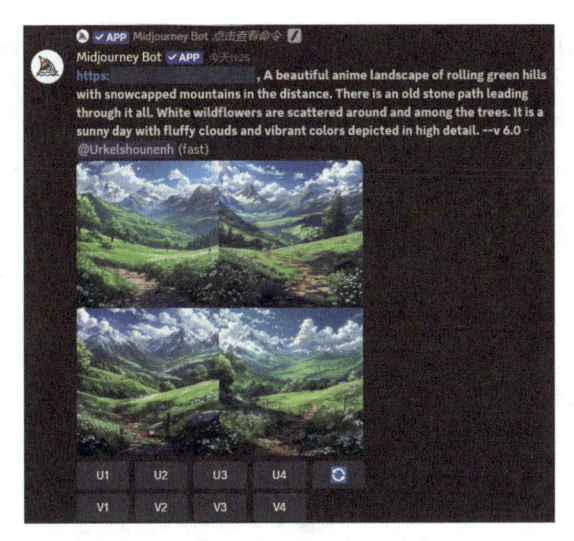

图 3-19 生成 4 张图片

3.1.4 混合生图

【效果展示】在Midjourney中，用户可以使用blend指令上传2～5张图片，然后查看每张图片的特征，并将它们混合生成一张新的图片，效果如图3-20所示。

图 3-20 效果展示

下面介绍利用Midjourney进行混合生图的操作方法。

步骤 01 在Midjourney下面的输入框内输入/，然后在弹出的列表中，选择blend指令，如图3-21所示。

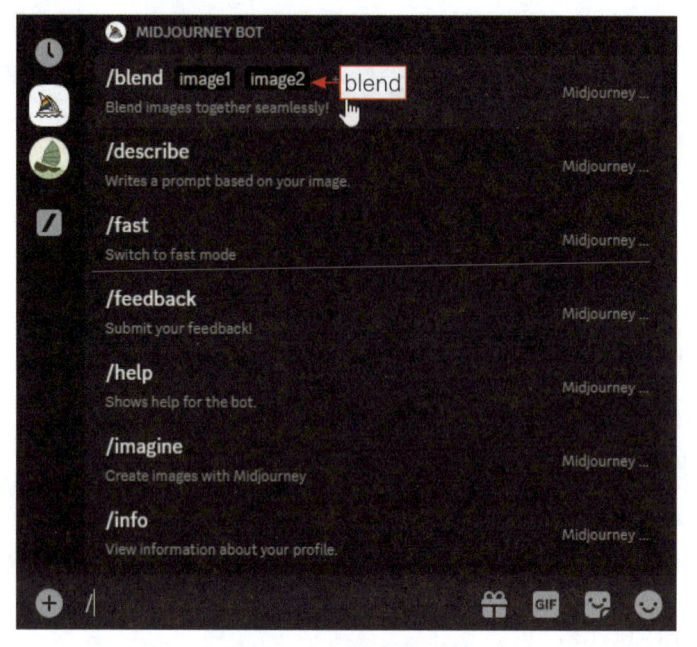

图 3-21 选择 blend 指令

步骤 02 执行操作后，出现两个图片框，单击左侧的上传按钮，如图3-22所示。

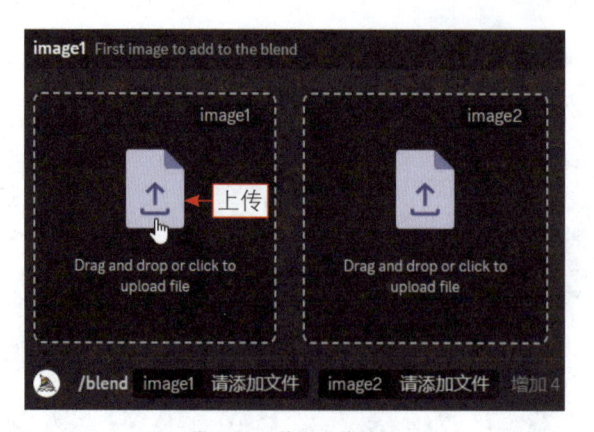

图 3-22 单击上传按钮

步骤 03 执行操作后，弹出"打开"对话框，选择相应的图片，单击"打开"按钮，如图3-23所示。

步骤 04 成功上传图片，然后用同样的方法上传另一张图片，如图3-24所示。

步骤 05 执行操作后，按【Enter】键，Midjourney会自动完成图片的混合操作，并生成4张新的图片，如图3-25所示。

图 3-23 单击"打开"按钮

图 3-24 上传两张图片

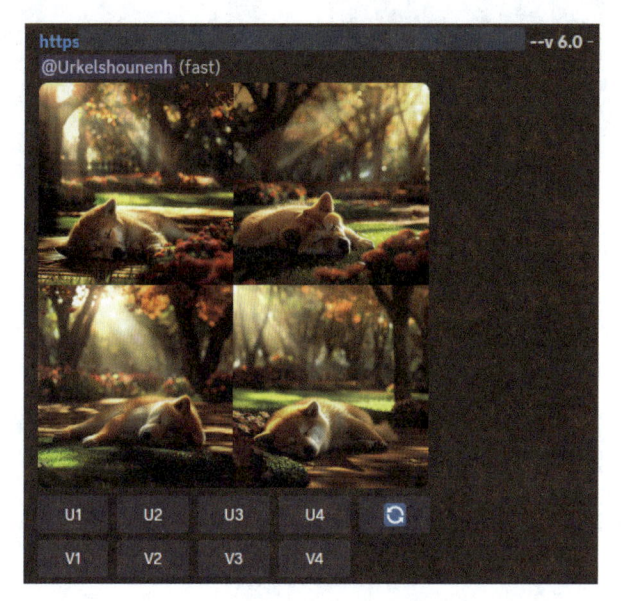

图 3-25 生成 4 张新的图片

步骤 06 单击U1按钮，放大第1张图片，即可获得最终效果。

3.2 Midjourney 核心使用

在Midjourney中，用户可以通过一些技巧来改变AI绘画的效果，生成更优秀的绘画作品。本节将介绍Midjourney的几种绘画技巧，掌握其中的核心使用方法，让用户在生成AI图像时更加得心应手。

3.2.1 混音模式

【效果展示】使用Midjourney的混音模式（Remix mode）可以更改提示词、参数、模型版本或变体之间的横纵比，让AI绘画变得更加灵活、多变，相关的案例效果如图3-26所示。

图3-26 效果展示

下面介绍具体的操作方法。

步骤 01 在Midjourney下面的输入框内输入/，在弹出的列表中选择settings指令，如图3-27所示。

图3-27 选择 settings 指令

步骤 02 按【Enter】键确认，即可调出Midjourney的设置面板，为了帮助大家更好地理解设置面板，下面将其中的内容翻译成了中文，如图3-28所示。注意，直接翻译的英文不是很准确，具体用法需要用户多练习才能掌握。

步骤 03 单击Remix mode按钮，如图3-29所示，即可成功开启混音模式（按钮显示为绿色）。

步骤 04 通过imagine指令输入提示词"A bicycle was photographed in the city background, with a bright red color, bold curves, and the edge of the city（大意为：拍摄了一辆城市背景中的自行车，颜色鲜艳，曲线大胆，城市边缘）"，生成的图片效果如图3-30所示。

图 3-28　设置面板的中文翻译　　　　图 3-29　单击 Remix mode 按钮

步骤 05 单击V4按钮，弹出Remix Prompt（混音提示）对话框，如图3-31所示。

图 3-30　生成的图片效果　　　　图 3-31　Remix Prompt 对话框

步骤 06 适当修改其中的某个提示词，如将bicycle（自行车）改为motorcycle（摩托车），如图3-32所示。

步骤 07 单击"提交"按钮，即可将自行车替换为摩托车，效果如图3-33所示。

图 3-32　修改提示词　　　　　　　　　图 3-33　重新生成相应的图片效果

3.2.2　一键换脸

【效果展示】InsightFaceSwap是一款专门针对人像处理的Discord官方插件，它能够精准地替换人物脸部，同时不会改变图片中的其他内容，相关案例效果如图3-34所示。

图 3-34　效果展示

下面介绍利用InsightFaceSwap协同Midjourney进行人物换脸的操作方法。

步骤 01　在Midjourney下面的输入框内输入/，在弹出的列表中，单击左侧的InsightFaceSwap图标，如图3-35所示。

步骤 02 执行操作后，在列表中选择saveid（保存ID）指令，如图3-36所示。

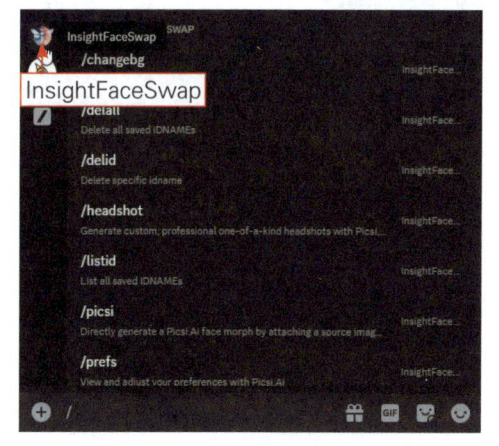

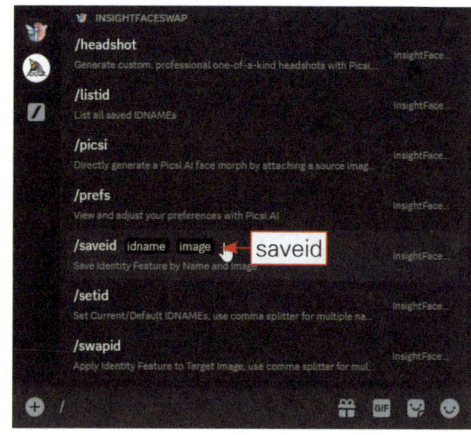

图 3-35　单击 InsightFaceSwap 图标

图 3-36　选择 saveid 指令

步骤 03 输入相应的idname（身份名称），如图3-37所示。idname可以为任意8位以内的英文字符和数字。

步骤 04 单击上传按钮，上传一张面部清晰的人物图片，如图3-38所示。

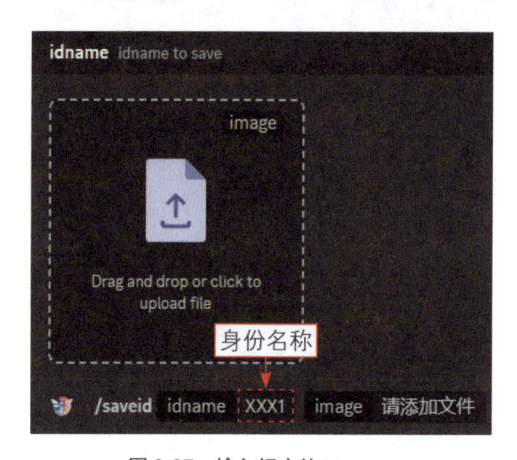

图 3-37　输入相应的 idname

图 3-38　上传一张人物图片

步骤 05 按【Enter】键确认，即可成功创建idname，如图3-39所示。

步骤 06 接下来使用imagine指令生成一张人物肖像图片，并选择其中一张进行放大，效果如图3-40所示。

步骤 07 在图片上单击鼠标右键，在弹出的快捷菜单中选择App（应用程序）| INSwapper（替换目标图像的面部）命令，如图3-41所示。

75

图 3-39 创建 idname   图 3-40 放大图片

步骤 08 执行操作后，即可替换人物面部，效果如图3-42所示。

步骤 09 另外，用户也可以在Midjourney下面的输入框内输入/，在弹出的列表中选择swapid（换脸）指令，如图3-43所示。

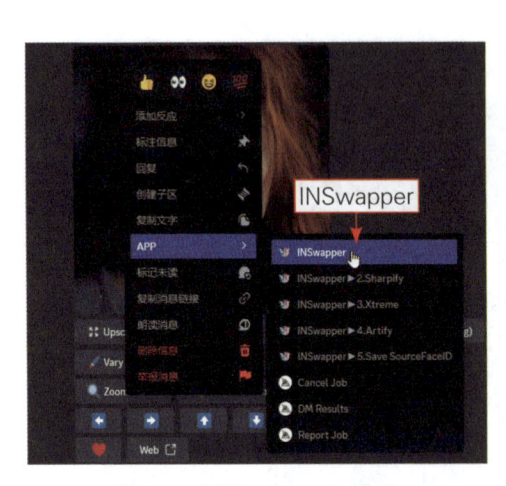

图 3-41 选择 INSwapper 选项   图 3-42 替换人物面部效果

步骤 10 执行操作后，输入刚才创建的idname，并上传想要替换人脸的底图，如图3-44所示。

图 3-43　选择 swapid 指令　　　　图 3-44　上传想要替换人脸的底图

★ 专家提醒 ★

要使用InsightFaceSwap插件，用户需要先邀请InsightFaceSwap Bot到自己的服务器中，具体的邀请链接可以通过百度搜索。

另外，用户可以使用/listid（列表ID）指令来列出目前注册的所有idname，也可以使用/delid（删除ID）指令和/delall（删除所有ID）指令来删除idname。

步骤 11　按【Enter】键确认，即可调用InsightFaceSwap机器人替换底图中的人脸，效果如图3-45所示。

图 3-45　替换人脸效果

3.2.3 种子换图

【效果展示】种子值是Midjourney为每张图片随机生成的，但可以使用--seed指令指定。在Midjourney中使用相同的种子值和提示词，将产生相同的出图结果，利用这一点用户可以生成连贯一致的人物形象或者场景，相关案例效果如图3-46所示。

图3-46 效果展示

下面介绍使用种子值生成图片的操作方法。

步骤01 在Midjourney中生成相应的图片后，在该消息的上方单击"添加反应"按钮☺，如图3-47所示。

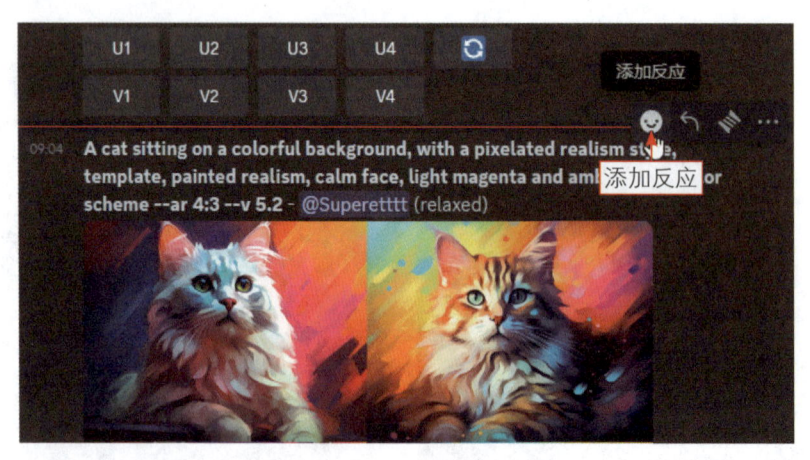

图3-47 单击"添加反应"按钮

步骤02 执行操作后，弹出反应面板，如图3-48所示。

步骤03 在搜索框中输入envelope（信封），并单击搜索结果中的信封图标✉，如图3-49所示。

第3章 Midjourney入门与实战

图3-48 "反应"面板

图3-49 单击信封图标

步骤 04 执行操作后，Midjourney Bot将会给用户发送一个消息，单击Midjourney Bot私信图标，如图3-50所示，可以查看消息。

步骤 05 执行操作后，可以看到Midjourney Bot 发送了 Job ID（作业 ID）和图片的种子值，如图 3-51 所示。

图 3-50　单击 Midjourney Bot 私信图标

步骤 06 通过imagine指令在图像的提示词结尾处加上--seed指令，指令后面输入图片的种子值，然后再生成新的图片，效果如图3-52所示。

图 3-51　Midjourney Bot 发送的种子值

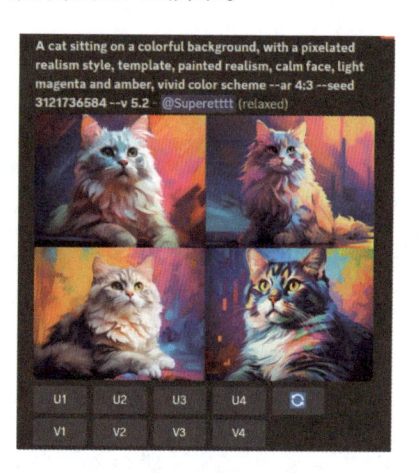

图 3-52　生成新的图片效果

步骤 07 单击U1按钮，放大第1张图片，即可获得最终效果。

★ 专家提醒 ★

在使用Midjourney生成图片时，会有一个从模糊的"噪点"逐渐变得具体、清晰的过程，而这个"噪点"的起点就是"种子"，即seed，Midjourney依靠它来创建一个"视觉噪声场"，作为生成初始图片的起点。

3.2.4 添加标签

【效果展示】在通过Midjourney进行AI绘画时，用户可以使用prefer option set指令，将一些常用的提示词保存在一个标签中，这样每次绘画时就不用重复输入一些相同的提示词，相关案例效果如图3-53所示。

图 3-53 效果展示

下面介绍使用prefer option set指令绘画的操作方法。

步骤01 在Midjourney下面的输入框内输入/，在弹出的列表中选择prefer option set指令，如图3-54所示。

步骤02 执行操作后，在option（选项）文本框中输入相应的名称，如图3-55所示。

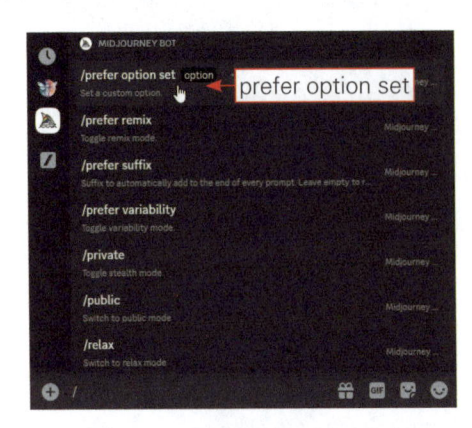

图 3-54 选择 prefer option set 指令

图 3-55 输入相应的名称

步骤03 单击输入框右侧的"增加1"按钮，在上方的"选项"下拉列表中选择value（参数值）选项，如图3-56所示。

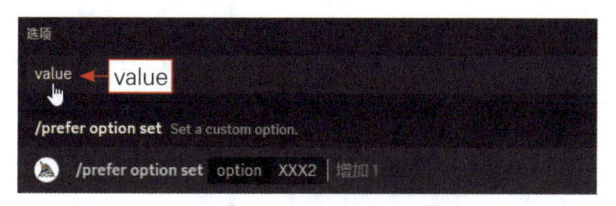

图3-56 选择 value 选项

步骤04 执行操作后，在value输入框中输入需要添加的提示词，如图3-57所示。注意，这里的提示词就是用户所要添加的一些固定的指令。

图3-57 输入相应的提示词

步骤05 按【Enter】键确认，即可将上述提示词储存到Midjourney的服务器中，如图3-58所示，从而给这些提示词打上一个统一的标签，标签名称就是XXX2。

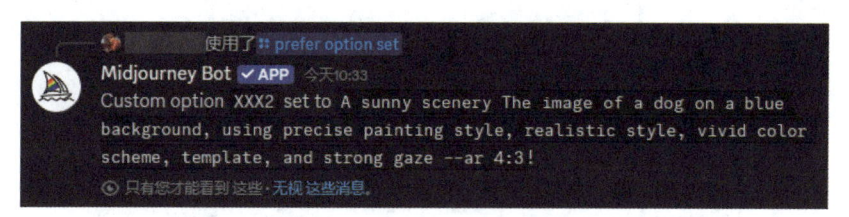

图3-58 储存提示词并添加标签

步骤06 通过imagine指令输入相应的提示词，然后在提示词的后面输入刚才存储的标签指令，即调用标签提示词，如图3-59所示。

图3-59 调用标签提示词

步骤07 按【Enter】键确认，即可生成相应的图片，效果如图3-60所示，可以看到，Midjourney在绘画时会自动添加标签中的提示词。

81

图 3-60　生成相应的图片

步骤 08　单击U2按钮，放大第2张图片，即可获得最终效果。

3.2.5　平移扩图

【效果展示】利用平移扩图功能可以生成图片外的场景，通过单击相应的上、下、左、右箭头按钮来选择图片需要扩展的方向，相关案例效果如图3-61所示。

扫码看教学视频

图 3-61　效果展示

下面介绍使用平移扩图功能的操作方法。

步骤 01　通过imagine指令生成一张图片，然后放大其中的一张，单击下方的左箭头按钮⬅，如图3-62所示。

步骤 02　随后Midjourney将在原图的基础上，向左进行平移扩图，如图3-63所示。

82

图 3-62　单击左箭头按钮　　　　图 3-63　向左平移扩图

步骤 03 选择一张图片进行放大，然后单击下方的右箭头按钮➡️，Midjourney将在原图的基础上，向右进行平移扩图，如图3-64所示。

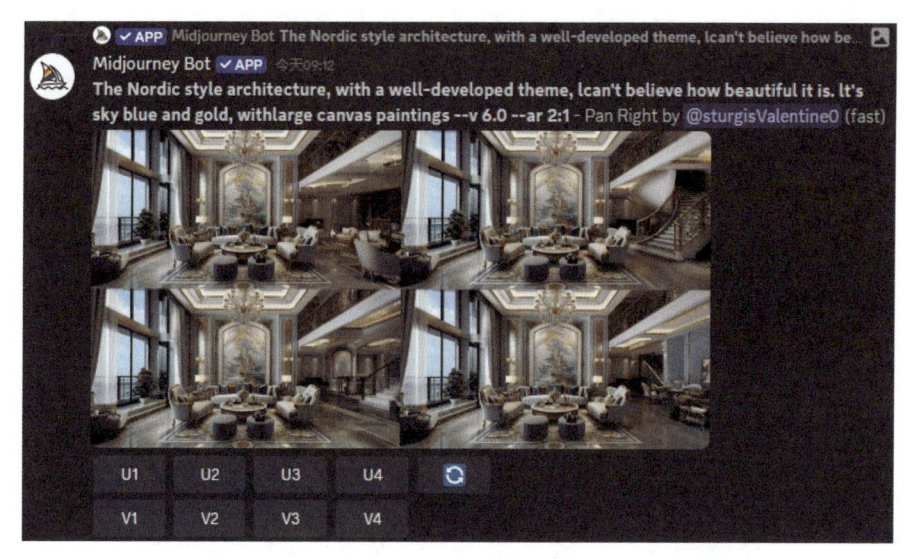

图 3-64　向右平移扩图

步骤 04 执行操作后，选择第4张图片进行放大，即可获得最终效果。

3.2.6　无限缩放

【效果展示】Zoom out（缩小）功能可以将图片的镜头拉远，使图片捕捉到的范围更大，让图片的周围生成更多的细节，相关案例效果如图3-65所示。

扫码看教学视频

83

图 3-65 效果展示

下面介绍使用无限缩放功能的操作方法。

步骤 01 通过imagine指令生成一组图片,然后选择一张进行放大,在图片的下方单击Zoom Out 2x(缩小到原来的1/2)按钮,如图3-66所示。

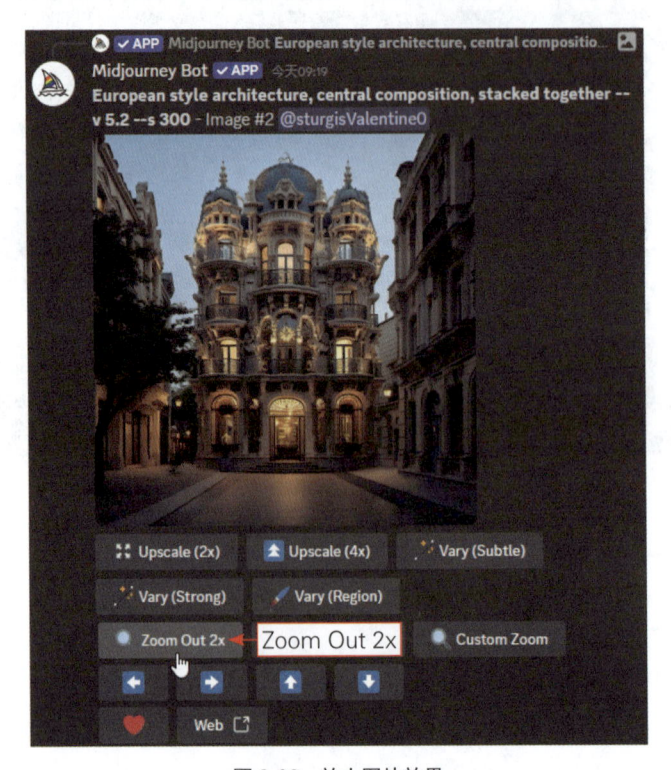

图 3-66 放大图片效果

步骤02 随后，Midjourney将在原图的基础上，生成4张将画面缩放至两倍大小的效果图，选择其中一张进行放大，效果如图3-67所示。

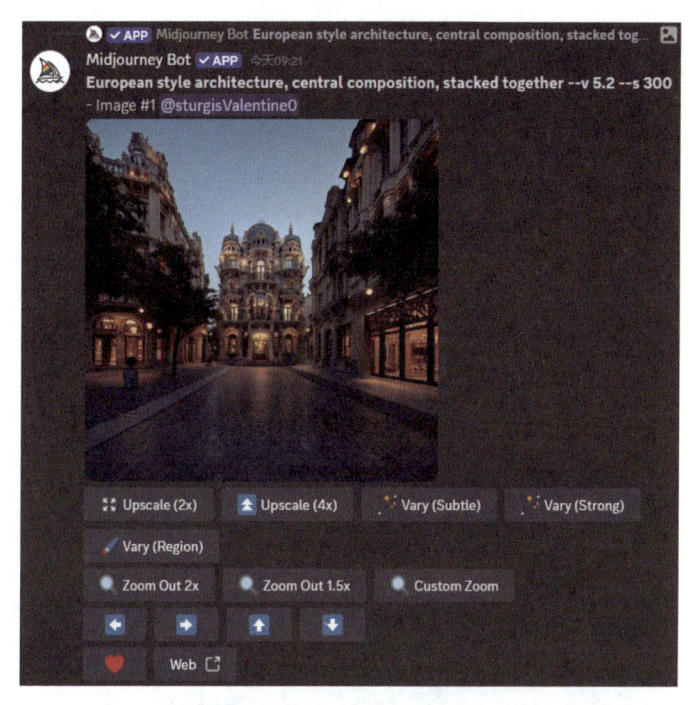

图 3-67　画面缩放两倍的效果

步骤03 用同样的方法继续缩放图像，如图3-68所示为将画面缩放4倍和6倍的效果。

图 3-68　将画面缩放 4 倍效果和 6 倍效果

3.3 Midjourney 实战案例

Midjourney可以为艺术家提供创作灵感，同时也可以用于风光摄影、插画设计、人像摄影等领域，提高人们工作的效率和降低成本，拓展艺术创作的可能性。本节将通过Midjourney实战案例，让用户对AI绘画更加熟悉。

3.3.1 生成专业摄影照片

【效果展示】专业摄影照片是由专业摄影师拍摄的照片，通常具有高质量、艺术性和技术性。这些照片往往是为了满足特定的商业、艺术或个人需求而拍摄的。在本案例中，将使用对称构图来生成专业摄影照片，效果如图3-69所示。

图 3-69　效果展示

下面介绍使用Midjourney生成专业摄影照片的具体操作方法。

步骤01 在Midjourney中通过imagine指令输入相应的主体描述提示词，并添加设置图像尺寸的指令参数，例如"Night, Bridge, Take Photos（大意为：夜晚，桥梁，拍摄照片）--ar 4:3"，如图3-70所示。

图 3-70　输入相应的提示词

步骤02 按【Enter】键确认，生成相应的图片效果，如图3-71所示。

图 3-71 生成相应的图片效果

步骤 03 为照片添加一些细节，在上一例的基础上增加提示词"Starry sky, reflection, moon, light and shadow effects（大意为：星空，倒影，月亮，光影效果）"，使照片的细节更加丰富，生成的效果如图3-72所示。

图 3-72 生成添加画面细节后的图片效果

步骤 04 选择广角镜头来对画面进行优化，并将画面设置为对称构图方式，通过imagine指令输入相应的提示词，生成的效果如图3-73所示，主要在上一步的基础上增加了提示词"panoramic lens, Symmetrical composition（全景镜头，对称构图）"。

图 3-73 生成添加镜头类型和构图方式的图片效果

步骤 05 选择其中合适的一张进行放大，即可获得最终效果。

3.3.2 生成粒子火花特效

【效果展示】粒子特效用于模拟和呈现粒子或小颗粒在虚拟环境中的行为，这些粒子可以代表各种物质，如火焰、烟雾、水滴、火花、爆炸碎片等，以及各种自然现象或动态效果，效果如图3-74所示。

图 3-74 效果展示

下面介绍使用Midjourney生成粒子火花特效的具体操作方法。

步骤01 在Midjourney中通过imagine指令输入相应的主体描述提示词，例如"A dynamic scene characterized by vibrant particle sparks should manifest as tiny bright particles emitted from the center point（以充满活力的粒子火花为特征的动态场景，应该表现为从中心点发射的微小明亮粒子）"，生成的效果如图3-75所示。

图 3-75　生成相应的图片

步骤02 在上一步提示词的基础上添加"Forest Scenes（森林场景）"，并设置图像的尺寸，通过添加提示词来对特效添加场景，生成的效果如图3-76所示。

图 3-76　生成添加场景后的特效图片

步骤03 选择其中合适的一张进行放大，即可获得最终效果。

3.3.3　生成黑白风格插画

【效果展示】黑白风格插画是一种以黑色和白色为主要色调的插画风格，通常以强烈的对比来吸引观众的注意力，它能够以更简洁、纯粹的方式表达主题和情感，使观众更加专注于插画所传达的意境和感受，相关案例效果如图3-77所示。

图 3-77　效果展示

下面介绍使用Midjourney生成黑白风格插画的具体操作方法。

步骤01 在Midjourney中通过imagine指令输入合适的提示词，例如"White and black, color removal effect, architecture, photography, high-resolution, surrealist style（大意为：白色和黑色，去色效果，建筑，拍照，高分辨率，超现实主义风格）--ar 4:3"，如图3-78所示。

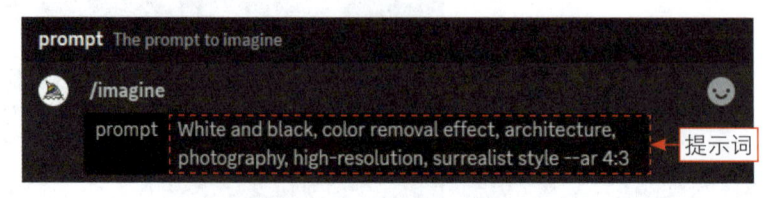

图 3-78　输入相应的提示词

步骤02 按【Enter】键确认，即可让Midjourney根据提示词生成黑白风格的插画，效果如图3-79所示。

图 3-79 生成相应的图片

步骤 03 将画面设置为对称构图方式，在上一步提示词的基础上添加"reflection, symmetrical composition（反射，对称构图）"，生成的效果如图3-80所示。

White and black, color removal effect, architecture, photography, high-resolution, surrealist style, reflection, symmetrical composition --ar 4:3

图 3-80 设置对称构图后生成的图片效果

步骤 04 选择其中合适的一张进行放大，即可获得最终效果。

3.3.4 生成小清新风格的艺术肖像

【效果展示】人像摄影包括各种不同的风格和主题，从肖像照到时尚摄影，从家庭照到职业头像，从纪实照片到艺术性肖像等。本案

91

例将介绍制作小清新风格艺术肖像的基本流程，效果如图3-81所示，让用户对AI绘画能够有更新的认识。

图 3-81 效果展示

下面介绍使用Midjourney生成小清新风格艺术肖像的具体操作方法。

步骤 01 在Midjourney中通过imagine指令输入合适的提示词，例如"A girl wearing a white shirt, photo shoots, denim decorations, grassland background（大意为：穿着白色衬衫的女孩，摄影照片，牛仔装饰，草原背景）--ar 4:3"，按【Enter】键确认，生成的效果如图3-82所示。

图 3-82 生成相应的图片效果

步骤02 在上一步的提示词的基础上,增加描述光线角度的提示词,如"Diffused Lighting(散射光)",使光线更加均匀柔和,生成的效果如图3-83所示。

图 3-83　设置光线角度后生成的图片效果

步骤03 接下来给图片设置合适的摄影风格,在上一步的提示词的基础上,增加描述摄影风格的提示词,如"Documentary(纪实摄影)",生成的效果如图3-84所示。

图 3-84　设置摄影风格后生成的图片效果

步骤04 选择其中合适的一张进行放大,即可获得最终效果。

3.3.5　生成日用品包装设计

【效果展示】日用品包装是指为各种日常生活用品设计和制造的包装材料和方法。设计这种包装的目的是保护产品、便于运输和存储、吸引消费者，并提供必要的信息。本案例主要使用Midjourney生成简约风格的纸巾盒包装，效果如图3-85所示。

图 3-85　效果展示

下面介绍使用Midjourney生成日用品包装设计的具体操作方法。

步骤 01　在Midjourney中通过imagine指令输入合适的提示词，例如"Daily necessities packaging box, tissue box physical model, simple form, ultra-high definition image, open design, smooth surface（大意为：日用品包装盒，纸巾盒物理模型，形式简单，超高清图像，开放式，表面光滑）--ar 4:3"，生成的图片效果如图3-86所示。

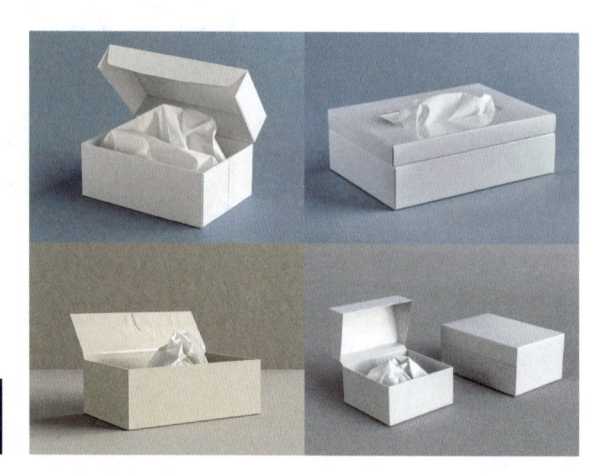

图 3-86　生成相应的图片效果

步骤02 适当的色彩调整有助于突出画面中的主体或焦点，使之更加引人注目，在上一步提示词的基础上添加"The style of light indigo and green, 32K ultra high definition（大意为：浅靛蓝和绿色的风格，32K超高清）"，生成的效果如图3-87所示。

图 3-87 调整色彩后生成的图片效果

步骤03 选择其中合适的一张进行放大，即可获得最终效果。

★ 专家提醒 ★

日用品的包装设计通常倾向于简洁明了，简单的包装能够清晰地传达产品信息，让消费者迅速了解产品的用途、成分和使用方法。针对不同的目标群体和市场需求，日用品的包装设计也变得更加多样化和个性化，不同的品牌可能采用不同的包装风格、图案或色彩，以突出其特点和品牌形象。

第 4 章　Stable Diffusion 入门与实战

Stable Diffusion是一个热门的AI图像生成工具，但对初学者来说，掌握Stable Diffusion却是一项具有挑战性的任务。本章将分享一些新手入门技巧与实战案例，帮助大家快速认识Stable Diffusion，并熟悉Stable Diffusion的各项基本功能。

4.1　Stable Diffusion 快速上手

Stable diffusion（简称SD）是一个开源的深度学习生成模型，能够根据任意文本描述生成高质量、高分辨率、高逼真度的图像。Stable Diffusion不仅在代码、数据和模型方面实现了全面开源，而且其参数量适中，使得大部分人可以在普通显卡上进行绘画甚至精细地调整模型。

本节将介绍Stable Diffusion的基本使用方法，帮助大家快速入门并充分利用这个功能强大的AI绘画工具。

4.1.1　使用网页版Stable Diffusion

Stable Diffusion作为一种强大的文本到图像生成模型，其独特的魅力在于能够将文本描述转化为效果生动逼真的图像，为创作者带来了无限可能。网页版Stable Diffusion绘图平台的出现，更是为广大用户提供了一个便捷、高效的创作工具。无须烦琐的安装和配置，只需轻轻一点，即可进入这个充满创意的AI绘画世界。

例如，LiblibAI是一个热门的AI绘画模型网站，使用了Stable Diffusion这种先进的图像扩散模型，它可以根据用户输入的文本提示词快速地生成高质量且匹配度非常精准的图像，效果如图4-1所示。

图 4-1　效果展示

下面介绍网页版Stable Diffusion的具体使用方法。

步骤01 进入LiblibAI主页，单击左侧的"在线生图"按钮，如图4-2所示。

图4-2 单击"在线生图"按钮

步骤02 执行操作后，进入LiblibAI的"文生图"页面，在CHECKPOINT（大模型）下拉列表框中选择一个基础算法模型，如图4-3所示。

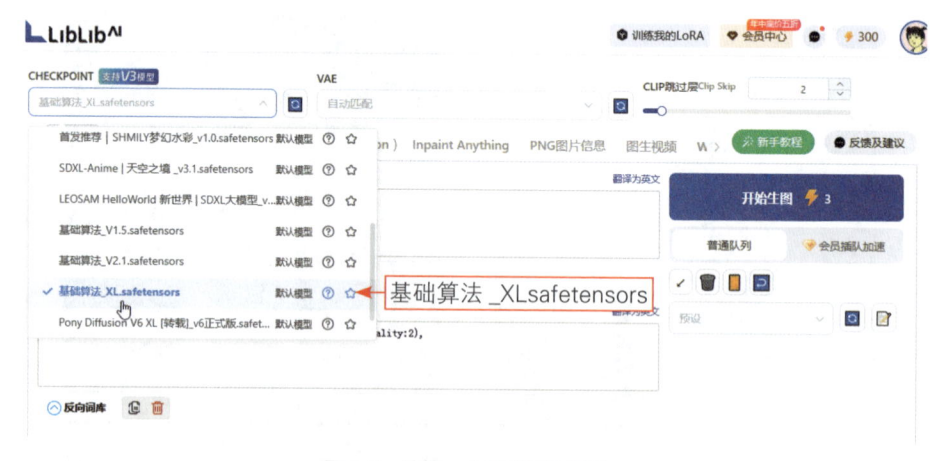

图4-3 选择一个基础算法模型

步骤03 在"提示词"和"负向提示词（又称为负向提示词或反向词）"文本框中输入相应的文本描述（即提示词），如图4-4所示。用户通过输入精心设计的提示词，可以引导模型理解自己的意图，并生成符合自己期望的图像。

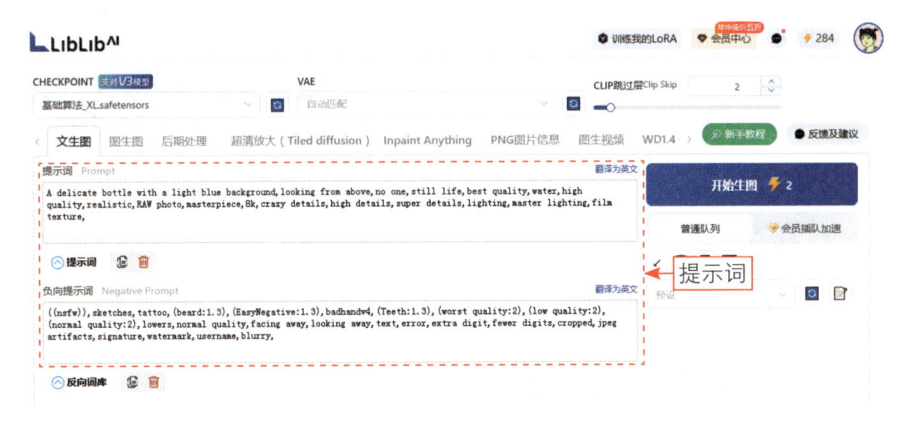

图 4-4 输入相应的提示词

步骤 04 在页面下方设置"采样方法（Sampler method）"为DPM++ 2M Karras、"迭代步数（Sampling Steeps）"为30、"宽度（Width）"为512、"高度（Height）"为768，让AI产生更精细、分辨率更高的图像，单击"开始生图"按钮，即可生成相应的图像，效果如图4-5所示。

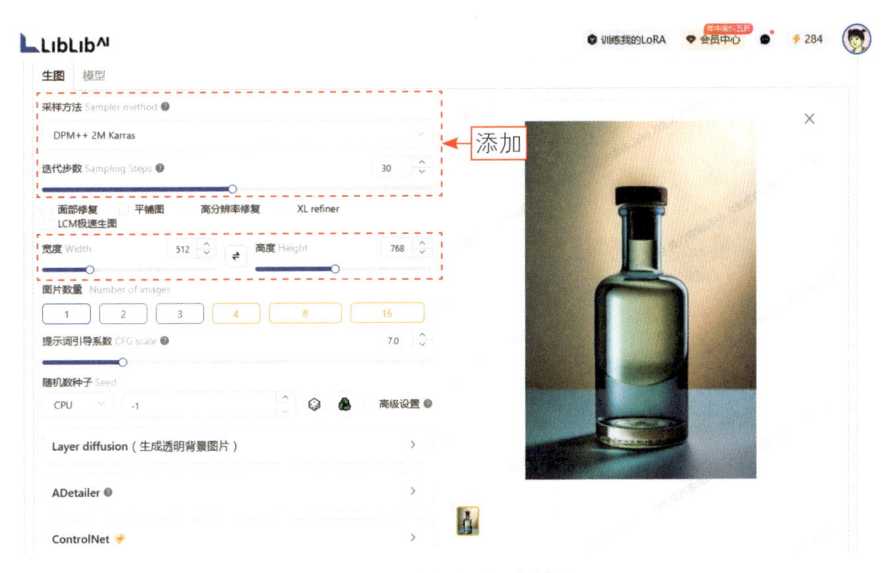

图 4-5 生成相应的图像效果

4.1.2 下载LoRA模型

用户可以在LiblibAI中下载更多的模型，以此来提高AI绘画效果。如图4-6所示为LiblibAI的"模型广场"页面，用户可以单击相应的标签来筛选自己需要的模型，然后进行下载。

扫码看教学视频

图 4-6 LiblibAI 的 "模型广场" 页面

下面介绍下载 LoRA 模型的操作方法。

步骤 01 在 "模型广场" 页面中，在右侧单击 "全部类型" 下拉按钮，在弹出的面板中选择 LoRA 选项，如图 4-7 所示，即可将选择范围固定在 LoRA 模型这一类型范围以内。

图 4-7 选择 LoRA 选项

步骤 02 根据缩略图来选择相应的 LoRA 模型，进入该 LoRA 模型的详情页面，单击页面右侧的 "下载" 按钮，如图 4-8 所示。

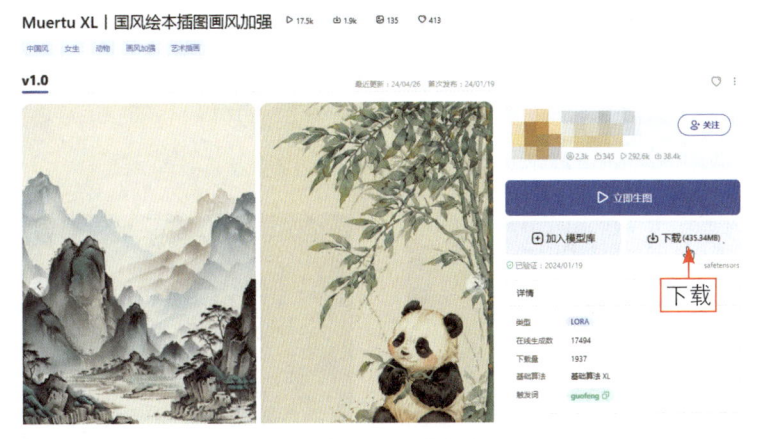

图4-8 单击"下载"按钮

步骤 03 弹出"另存为"对话框，选择合适的保存路径，然后单击"保存"按钮，如图4-9所示，即可下载所选的LoRA模型。

图4-9 单击"保存"按钮

4.2 Stable Diffusion 核心技巧

Stable Diffusion技术以其创新的图像生成能力，正在重塑数字艺术领域。通过集成LoRA模型，这项技术实现了对图像生成过程的精确调控，增强了作品的丰富性和细节表现。而ControlNet插件的加入，则进一步拓宽了创作的自由度。本节将探索这些核心技巧如何协同工作，释放Stable Diffusion的潜力，为艺术创作带来前所未有的可能性。

4.2.1 使用LoRA模型

【效果展示】LoRA模型是一种基于深度学习的神经网络架构，专为微调生成的模型而设计，下面以4.1.1的效果为基础，添加一个专用的LoRA模型，增强产品的包装效果，如图4-10所示。

图 4-10　效果展示

下面介绍使用LoRA模型的具体操作方法。

步骤01　切换至"模型"选项卡，选择LoRA选项，然后选择相应的LoRA模型，如图4-11所示，该LoRA模型专用于产品的场景图设计。

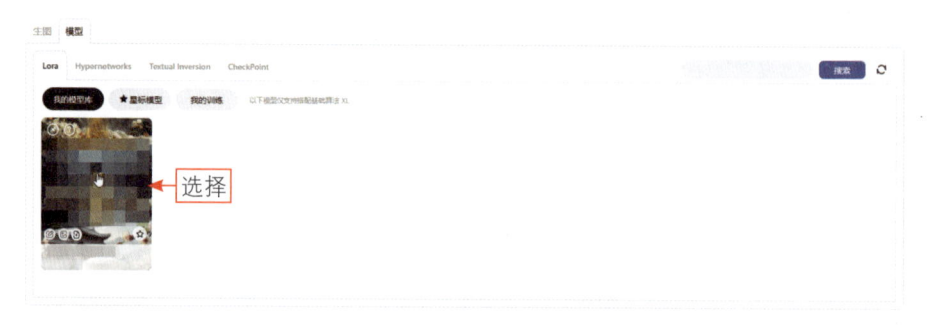

图 4-11　选择相应的 LoRA 模型

步骤02　切换至"生图"选项卡，选中"高分辨率修复"复选框，设置"放大算法"为R-ESRGAN_4x+，用于放大AI生成的图像，如图4-12所示。

步骤03　单击"开始生图"按钮，生成相应的图像效果，可以将图像放大两倍输出，同时瓶中的水元素会更加突出，效果如图4-13所示。

图 4-12　设置"放大算法"参数

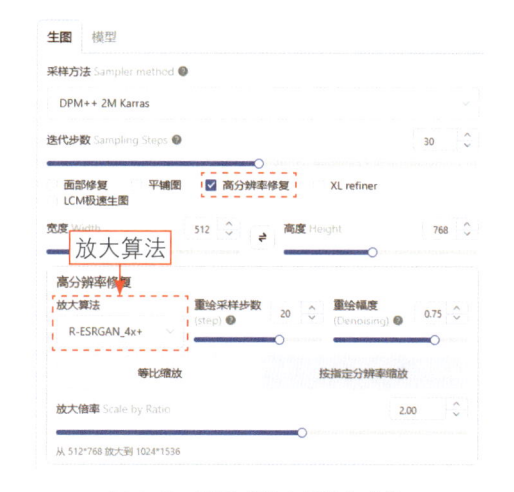

图 4-13　生成相应的图像效果

4.2.2　使用ControlNet插件

【效果展示】ControlNet插件是一种用于图像生成模型的附加工具，它允许用户对生成过程进行更细致的控制。例如，使用ControlNet插件中的Depth控制类型，可以有效地控制画面的光影，进而提升图像的视觉效果，效果如图4-14所示。

图 4-14　效果展示

下面介绍使用ControlNet插件的具体操作方法。

步骤 01 展开ControlNet选项区，上传一张原图，分别选中"启用"复选框、"完美像素"复选框、"允许预览"复选框，自动匹配合适的预处理器分辨率并预览预处理结果，如图4-15所示。

步骤 02 在ControlNet选项区下方，选中"Depth（深度图）"单选按钮，并分别选择"depth_zoe（ZoE深度图估算）"预处理器和相应的模型（Model），如图4-16所示，该模型能够精确估算图像中每个像素的深度信息。

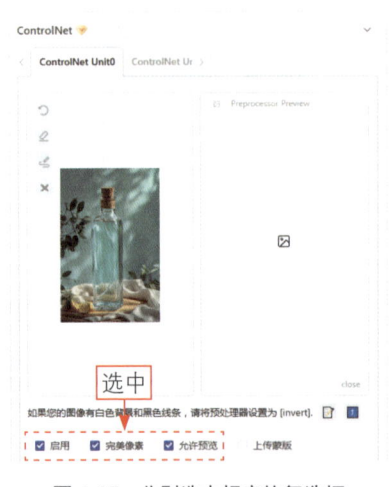

图 4-15　分别选中相应的复选框 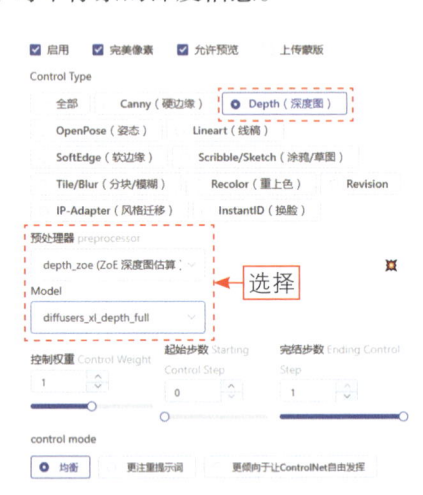　　　　图 4-16　选择相应的预处理器和模型

步骤 03 单击Run preprocessor（运行预处理器）按钮，即可生成深度图，并且比较完美地还原场景中的景深关系，如图4-17所示。

图 4-17　生成深度图

步骤 04 单击"开始生图"按钮,即可生成相应的图像,可以通过Depth来控制画面中物体投射阴影的方式、光的方向及景深关系。

4.3　Stable Diffusion 实战案例

【效果展示】Stable Diffusion能够借助先进的AI算法和模型,帮助设计师生成优秀的作品。本节将通过实际案例,演示如何使用网页版Stable Diffusion设计具有中式风格的服装画作,效果如图4-18所示。

图 4-18　效果展示

4.3.1　使用正向提示词绘制画面内容

Stable Diffusion中的正向提示词是指那些能够引导AI模型生成符合用户需求的图像结果的提示词,这些提示词可以描述所需的全部图像信息。下面介绍使用正向提示词绘制服装效果图的操作方法。

步骤 01 进入"文生图"页面,选择一个写实风格的大模型,输入相应的正向提示词,用于描述画面的主体内容,如图4-19所示。

图 4-19 输入相应的正向提示词

步骤 02 在页面下方设置"采样方法（Sampler method）"为DPM++ 2M Karras、"迭代步数（Sampling Steeps）"为33、"宽度（Width）"为512、"高度（Height）"为768，选中"面部修复"复选框，提高生成图像的质量和分辨率，单击"开始生图"按钮，即可生成相应的图像，效果如图4-20所示。

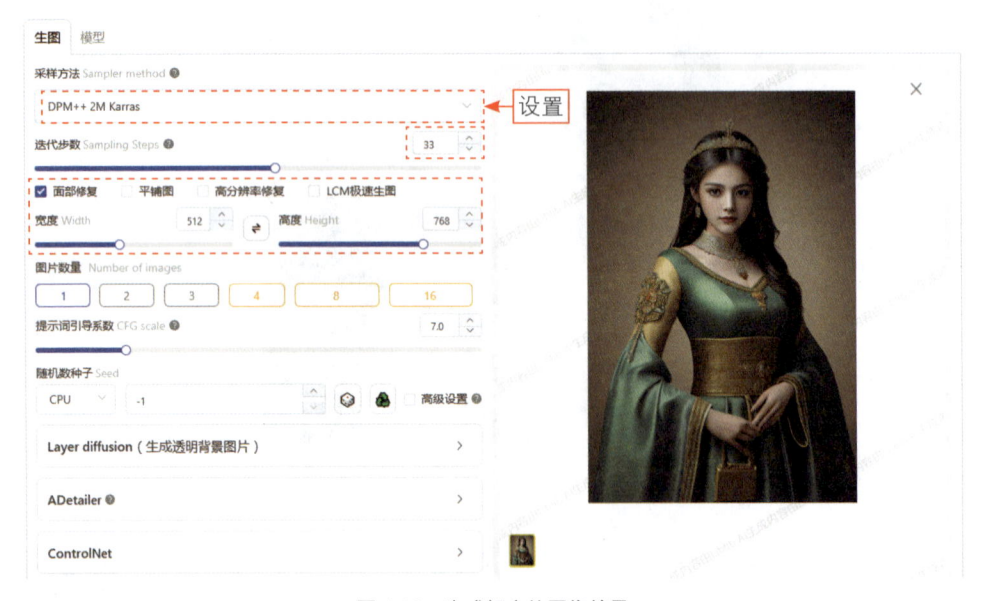

图 4-20 生成相应的图像效果

★ 专家提醒 ★

正向提示词可以是各种内容，以提高图像质量，如masterpiece（杰作）、best quality（最佳质量）等。这些提示词可以根据用户的需求和目标来定制，以帮助AI模型生成更高质量的图像。

106

4.3.2 使用负向提示词优化出图效果

从上一例的效果图中可以看到，即使开启了"面部修复"功能并使用了较高的迭代步数值，效果图中仍然有不少瑕疵，如人物的脸部和手部都不太正常，此时就需要使用负向提示词来优化AI的出图效果，具体操作方法如下。

步骤01 在"文生图"页面中的"负向提示词"文本框中，输入相应的负向提示词，如图4-21所示。负向提示词的使用，可以让Stable Diffusion更加准确地满足用户的需求，避免生成不必要的内容或特征。

图 4-21 输入相应的负向提示词

步骤02 保持其他生成参数不变，单击"开始生图"按钮，在生成与提示词描述相对应的图像的同时，画面质量会更好一些，人物细节更加清晰、完美，效果如图4-22所示。

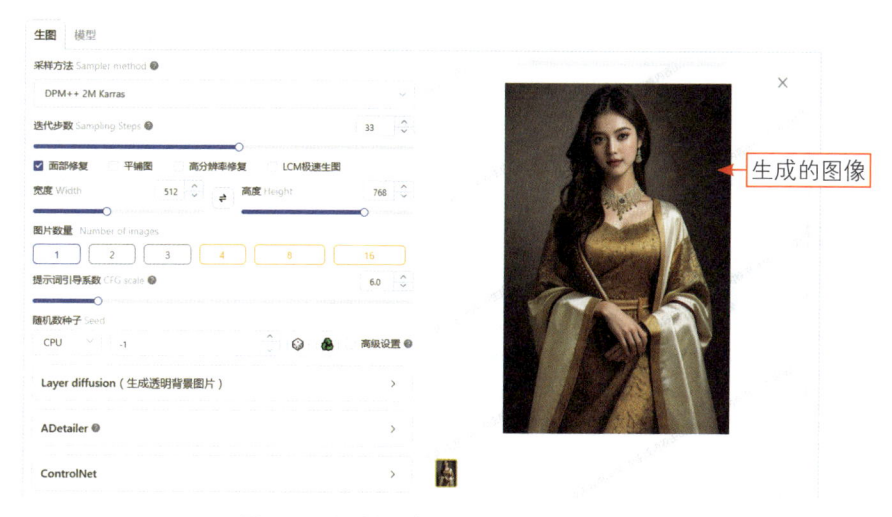

图 4-22 通过负向提示词优化图像效果

★ 专家提醒 ★

Stable Diffusion中的负向提示词是用来描述不希望在所生成图像中出现的特征或元素的提示词。负向提示词可以帮助AI模型排除某些特定的内容或特征，从而使生成的图像更加符合用户的需求。

需要注意的是，负向提示词可能会对生成的图像产生一定的限制，因此用户需要根据具体需求进行权衡和调整。

4.3.3　添加LoRA模型绘制服装

在使用Stable Diffusion生成礼服图像时，可以尝试结合不同的LoRA模型，探索更多独特且富有创意的设计方案，具体操作方法如下。

步骤01 切换至"模型"选项卡，选择LoRA选项，然后选择相应的LoRA模型，如图4-23所示，该LoRA模型专门用于绘制服装图像。

图 4-23　选择相应的 LoRA 模型

步骤02 继续添加一个改变人物风格的LoRA模型，将其权重值设置为0.70，使人物形象更加生动、逼真，如图4-24所示。

图 4-24　叠加 LoRA 模型并设置其权重值

步骤 03 切换至"生图"选项卡,选中"高分辨率修复"复选框,设置"放大算法"为R-ESRGAN_4x+、"重绘幅度"为0.25,用于放大AI生成的图像,单击"开始生图"按钮,生成相应的图像。AI不仅能够将文化特色融入服装的设计之中,同时还能为人物赋予独特的风格和气质,效果如图4-25所示。

图4-25 生成相应的图像效果

第 5 章　Photoshop AI 入门与实战

  Photoshop是一款功能强大的图像处理软件，修图与设计是它的主要功能，随着Adobe Photoshop 2024版的推出，Photoshop集成了更多的AI功能，其中最强大的就是创成式填充功能。本章主要介绍AI创成式填充的操作技巧。

5.1　Photoshop AI 快速上手

在学习Photoshop AI之前，首先来了解Photoshop AI的基本知识，包括什么是Photoshop AI、AI对Photoshop的影响，以及Photoshop AI的应用场景等，帮助大家更好地了解Photoshop AI，为后面的学习奠定良好的基础。

5.1.1　什么是Photoshop AI

Photoshop AI是指在Photoshop（简称PS）中嵌入了人工智能技术，如创成式填充、移除工具及Neural Filters滤镜等，用户利用这些人工智能技术来创造和设计艺术作品，它涵盖了各种技术和方法，包括计算机视觉、深度学习、生成对抗网络（Generative Adversarial Network，GAN）等。通过这些技术，Photoshop可以学习艺术风格，并使用这些知识来帮助用户创造全新的艺术作品。

扫码看教学视频

【效果展示】Photoshop AI绘画技术其实就是通过在原有图像上绘制新的图像，生成更多有趣的内容，同时还可以进行智能化的修图处理，通过去除不需要的元素、添加虚构元素，以及提高整体画面的美感，呈现出一种更加独特、富有创意和艺术性的图像效果。如图5-1所示为使用Photoshop AI创成式填充功能更换人物服装的效果，提示词为"紫色的裙子"。

图 5-1　使用 Photoshop AI 创成式填充功能更换人物服装的效果

★ 专家提醒 ★

Photoshop AI绘画是利用人工智能技术进行图像生成的一种数字艺术形式，使用计算机生成的算法和模型来模拟人类艺术家的创作行为，自动化地生成各种类型的数字绘画作品，包括肖像画、风景画、抽象画等。Photoshop AI绘画具有快速、高效、自动化等特点，它的技术特点主要在于能够利用人工智能技术和算法对图像进行处理和创作，实现艺术风格的融合和变换，提升用户的绘画创作体验。

5.1.2 AI对Photoshop的影响

【效果展示】Photoshop的图像处理经历了"调照片""修照片"等阶段，如今受人工智能技术的影响，图像处理进入了一个"想照片"的新阶段。例如，用户可以想象一个场景，如"海边风光"，利用Photoshop AI创成式填充功能，即可使这一想象变成一张照片，如图5-2所示。

扫码看教学视频

图 5-2　根据想象的场景生成照片

在这个阶段中，人工智能技术可以自主识别拍摄场景并通过自动化调整来生成照片。同时，在后期制作中，AI可以智能地分析和处理图像，进一步提升照片的表现力。通过智能识别技术，图像处理可以变得更加多样化。因此，可以说在人工智能技术的持续影响下，"想照片"的AI模式成为一种新的艺术潮流。

★ 专家提醒 ★

近年来，人工智能技术的发展改变了人们的生活方式和生产方式。在图像处理领域，人工智能技术被广泛应用，促进了图像处理技术的快速发展。相较于传统的图像处理技术，AI图像处理具有许多独有的特点，如快速高效、高度逼真和可定制性强等，这些特点不仅提高了图像处理的质量和效率，还为用户带来了全新的体验。

5.1.3 了解Photoshop AI的应用场景

Photoshop AI技术得到了越来越多的关注和研究，同时广泛应用到许多领域，如摄影、电商、广告、电影、游戏、教育等。在这些领域，Photoshop AI绘画的应用可以大大提高生产效率和艺术创作的质量。总之，Photoshop AI将会对许多行业和领域产生重大影响。

【效果展示】使用Photoshop AI可以生成电商产品主图，如图5-3所示，提示词为"血珀色红玛瑙手链细节图"。

图5-3 生成电商产品主图

★ 专家提醒 ★

AI绘画技术可以用于生成虚拟的产品样品，从而在产品设计阶段帮助设计师更好地进行设计和展示，并得到反馈和修改意见。

5.1.4 掌握Photoshop AI创成式填充功能

AI创成式填充功能的原理其实就是AI绘画技术，通过绘制新的图像，或者扩展原有图像的画布生成更多的图像内容，同时还可以进行AI修图处理。下面以实例的形式介绍创成式填充功能的应用，帮助用户更好地掌握AI创成式填充功能。

1. 移除画面中不需要的内容

【效果展示】使用Photoshop的创成式填充功能，可以一键去除图像中的杂物或任何不想要的元素，它是通过AI绘画的方式来填充要去除元素的区域的，比过去的"内容识别"或"近似匹配"的方式效果要更好，原图与效果图对比如图5-4所示。

扫码看教学视频

图5-4　原图与效果图对比

下面介绍移除画面中不需要的内容的操作方法。

步骤01 选择"文件"|"打开"命令，打开一幅素材图像，选取工具箱中的套索工具 ⊘，如图5-5所示。

步骤02 运用套索工具 ⊘在画面中相应图像的周围按住鼠标左键并拖曳，框住画面中的相应元素，如图5-6所示。

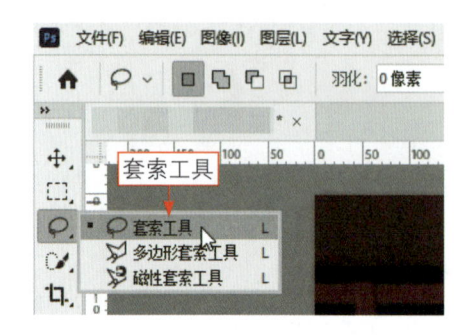

图5-5　选取套索工具　　　　图5-6　框住画面中的相应元素

★ 专家提醒 ★

在Photoshop中，套索工具 ○ 是一种用于选择图像区域的工具，它可以让用户手动绘制一个不规则的选区，以便在选定的区域内进行编辑、移动、删除或应用其他操作。在使用套索工具 ○ 时，用户可以按住鼠标左键并拖曳来勾勒出自己想要选择的区域，从而更精确地控制图像编辑的范围。

步骤 03 释放鼠标左键，即可创建一个不规则的选区，在下方的浮动工具栏中单击"创成式填充"按钮，如图5-7所示。

步骤 04 执行操作后，在浮动工具栏中单击"生成"按钮，如图5-8所示。稍等片刻，即可去除选区中的图像元素。

图 5-7　单击"创成式填充"按钮　　　　图 5-8　单击"生成"按钮

2. 在风光照片中生成动物元素

【效果展示】使用PS的创成式填充功能，可以在图像的局部区域进行AI绘画操作，用户只需要在画面中框选某个区域，然后输入想要生成的内容提示词，即可生成对应的图像内容，原图与效果图对比如图5-9所示。

扫码看教学视频

图 5-9　原图与效果图对比

下面介绍在风光照片中生成动物元素的操作方法。

步骤01 选择"文件"|"打开"命令，打开一幅素材图像，运用套索工具 ⌯ 创建一个不规则的选区，如图5-10所示。

步骤02 在下方的浮动工具栏中单击"创成式填充"按钮，在浮动工具栏左侧的输入框中输入提示词"老鹰"，如图5-11所示。

图5-10　创建不规则的选区　　　　　　图5-11　输入提示词

步骤03 单击"生成"按钮，即可生成相应的图像效果，如图5-12所示。注意，即使是相同的提示词，PS的"创成式填充"功能每次生成的图像效果也不一样。在生成式图层的"属性"面板中，在"变化"选项区中选择相应的图像，即可改变画面中生成的图像效果。

图5-12　生成相应的图像效果

★ 专家提醒 ★

创成式填充功能利用先进的AI算法和图像识别技术，能够自动从周围的环境中推断出缺失的图像内容，并智能地进行填充。"创成式填充"功能使得移除不需要的元素或补全缺失的图像部分变得更加容易，节省了用户大量的时间和精力。

3. 扩展室外场景的右侧区域

【效果展示】在PS中扩展图像画布后,使用"创成式填充"功能可以自动填充画布空白区域,生成与原图像对应的内容,原图与效果图对比如图5-13所示。

扫码看教学视频

图 5-13 原图与效果图对比

下面介绍扩展室外场景右侧区域的操作方法。

步骤 01 选择"文件"|"打开"命令,打开一幅素材图像,在菜单栏中选择"图像"|"画布大小"命令,如图5-14所示。

步骤 02 执行操作后,弹出"画布大小"对话框,选择相应的定位方向,并设置"宽度"为1500像素,如图5-15所示。

图 5-14 选择"画布大小"命令

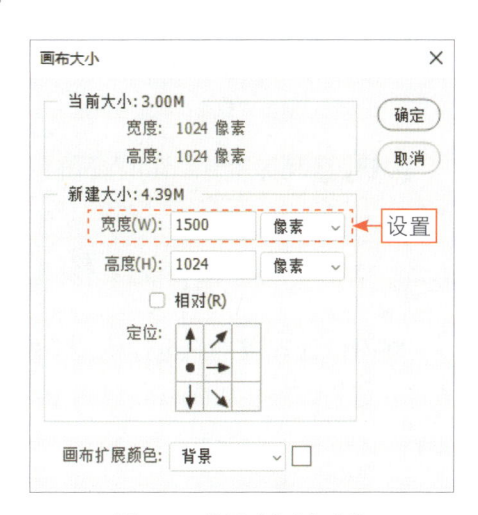

图 5-15 设置"宽度"参数

步骤 03 单击"确定"按钮,即可从右侧扩展图像画布,效果如图5-16所示。

步骤 04 选取工具箱中的矩形选框工具，在画布右侧的空白区域创建一个矩形选区，如图5-17所示。

图 5-16 从右侧扩展图像画布

图 5-17 创建矩形选区

步骤 05 在下方的浮动工具栏中单击"创成式填充"按钮，如图5-18所示。

步骤 06 执行操作后，在浮动工具栏中单击"生成"按钮，如图5-19所示。

图 5-18 单击"创成式填充"按钮

图 5-19 单击"生成"按钮

步骤 07 稍等片刻，即可在画布的空白区域生成与原图像无缝融合的图像内容。

5.2 Photoshop AI 核心使用

在图像处理或平面设计中，掌握常用的PS修图方法是至关重要的一步。本节将介绍一些PS的AI修图方法，让用户能够轻松实现图像修图操作，并为作品带来更大的视觉冲击力。

5.2.1 使用"选择主体"功能更换背景

【效果展示】PS的"选择主体"功能采用了先进的机器学习技术，经过学习训练后能够识别图像上的多种对象，可以帮助用户快速在图像中的主体对象上创建一个选区，便于进行抠图和合成处理，原图与效果图对比如图5-20所示。

图 5-20　原图与效果图对比

下面介绍使用"选择主体"功能更换人物背景的操作方法。

步骤01 选择"文件"|"打开"命令，打开一幅素材图像，在图像下方的浮动工具栏中，单击"选择主体"按钮，如图5-21所示。

步骤02 执行操作后，即可在图像中的人物主体上创建一个选区，如图5-22所示。

图 5-21　单击"选择主体"按钮

图 5-22　创建一个选区

步骤03 按【Ctrl+J】组合键复制一个新图层，并隐藏"背景"图层，然后按住【Ctrl】键的同时单击"图层1"缩略图创建选区，再按【Shift+Ctrl+I】组合键反选选区，如图5-23所示。

步骤04 单击"创成式填充"按钮，在浮动工具栏左侧的输入框中输入提示词"房间"，单击"生成"按钮，即可更换背景，效果如图5-24所示。

图 5-23　反选选区　　　　　　　　　图 5-24　最终效果

5.2.2　使用"生成式填充"命令智能修图

【效果展示】PS中的"生成式填充"功能与"创成式填充"功能一样，都是通过AI自动生成相应的图像效果，并且与原图像无缝融合，原图与效果图对比如图5-25所示。

图 5-25　原图与效果图对比

下面介绍使用"生成式填充"命令智能修图的操作方法。

步骤01 选择"文件"|"打开"命令，打开一幅素材图像，选取工具箱中的套索工具◯，在画面中的相应位置创建一个不规则选区，如图5-26所示。

步骤02 在菜单栏中，选择"编辑"菜单，在弹出的子菜单中选择"生成式填充"命令，如图5-27所示。

图5-26 创建一个不规则选区 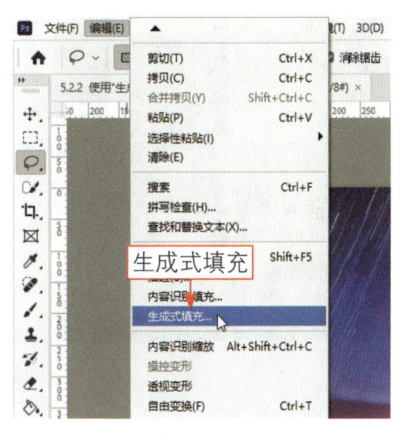　　图5-27 选择"生成式填充"命令

步骤03 弹出"创成式填充"对话框，这里不需要输入任何内容，直接单击"生成"按钮，如图5-28所示。

步骤04 执行操作后，即可生成相应的图像效果，如图5-29所示，在"属性"面板的"变化"选项区中选择相应的图像，即可改变画面中生成的图像效果。

图5-28 单击"生成"按钮 　　图5-29 生成相应的图像效果

★ 专 家 提 醒 ★

在"创成式填充"对话框的"提示"文本框中，用户输入相应的中文或英文提示词，单击"生成"按钮，即可生成与指令相符的图像效果。

5.2.3 使用"内容识别填充"命令快速修图

【效果展示】利用PS的"内容识别填充"命令可以将复杂背景中不需要的杂物清除干净,从而达到完美的智能修图效果,还可以扩展图像区域,原图与效果图对比如图5-30所示。

图 5-30 原图与效果图对比

下面介绍使用"内容识别填充"命令快速修图的操作方法。

步骤01 选择"文件"|"打开"命令,打开一幅素材图像,选取工具箱中的矩形选框工具,在右侧的空白画布上创建一个矩形选区,如图5-31所示。

图 5-31 创建一个矩形选区

步骤02 选择"编辑"|"内容识别填充"命令,弹出相应的窗口,在右侧单击"自动"按钮,自动取样修补画面内容,如图5-32所示,单击"确定"按钮,即可快速修图。

图 5-32　自动取样修补画面内容

5.2.4　使用"内容识别缩放"命令缩放照片

【效果展示】使用"内容识别缩放"命令可以在放大图像的同时最大限度地保留细节，合理地重建视觉内容，让优质的细节不再因放大而丢失，原图与效果图对比如图5-33所示。

图 5-33　原图与效果图对比

下面介绍使用"内容识别缩放"命令缩放照片的操作方法。

步骤01 选择"文件"|"打开"命令，打开一幅素材图像，单击"背景"图层右侧的🔒图标，将"背景"图层解锁，选择"图像"|"画布大小"命令，弹出"画布大小"对话框，设置"宽度"为1400像素，如图5-34所示，扩展画布的

123

宽度。

步骤02 单击"确定"按钮,即可在图像的左右两侧扩展画布,如图5-35所示。

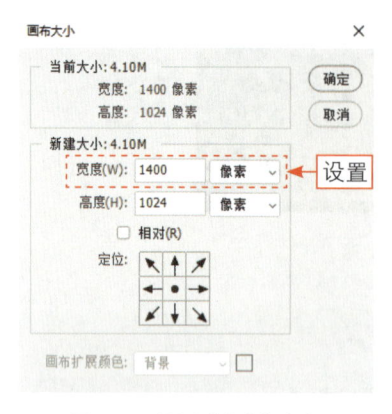

图 5-34 设置"宽度"参数　　　　　图 5-35 扩展画布

步骤03 运用矩形选框工具在人物周围创建一个矩形选区,在选区内单击鼠标右键,在弹出的快捷菜单中选择"存储选区"命令,如图5-36所示。

步骤04 执行操作后,弹出"存储选区"对话框,设置"名称"为"人物",如图5-37所示,单击"确定"按钮存储选区,并取消选区。

图 5-36 选择"存储选区"命令　　　　图 5-37 设置选区的"名称"为"人物"

★ 专家提醒 ★

在图像中创建选区后,在菜单栏中选择"选择"|"存储选区"命令,也可以弹出"存储选区"对话框。

步骤 05 选择"编辑"|"内容识别缩放"命令,调出变换控制框,在工具属性栏中的"保护"下拉列表框中选择"人物"选项,如图5-38所示。

步骤 06 调整变换控制框的大小,使图像覆盖整个画布,如图5-39所示,单击"完成"按钮确认变换操作,即可放大图像,同时人物不受变换操作的影响。

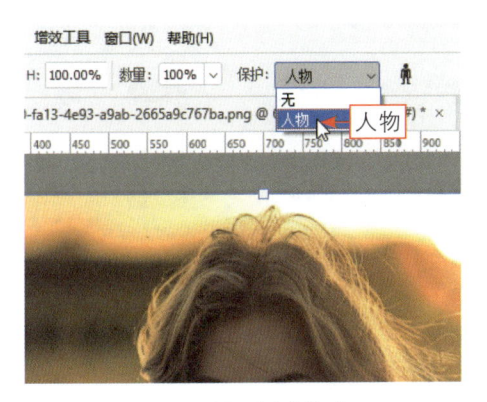

图 5-38 选择"人物"选项　　　　图 5-39 使图像覆盖整个画布

5.2.5 使用"自动对齐图层"命令合成全景图

【效果展示】PS中的"自动对齐图层"命令主要用于自动调整多个图层的位置,使它们在水平、垂直或其他方面对齐,这个功能对于合并多个图像或图层,以创建无缝效果或进行复杂的图像合成非常有用,效果如图5-40所示。

图 5-40 效果展示

下面介绍使用"自动对齐图层"命令一键合成全景图的操作方法。

步骤 01 选择"文件"|"打开"命令,打开一幅素材图像,全选所有图层,如图5-41所示。

步骤 02 在菜单栏中，选择"编辑"|"自动对齐图层"命令，弹出"自动对齐图层"对话框，选中"自动"单选按钮，如图5-42所示，单击"确定"按钮，即可一键合并全景图。

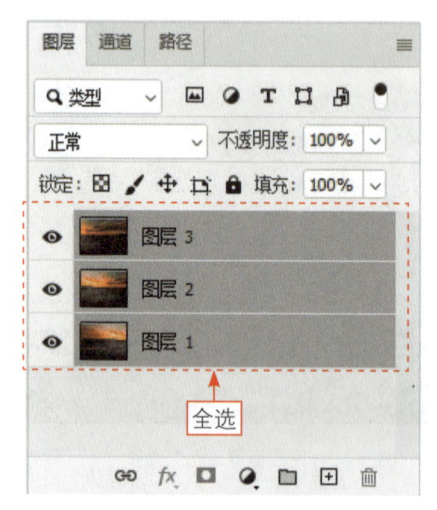

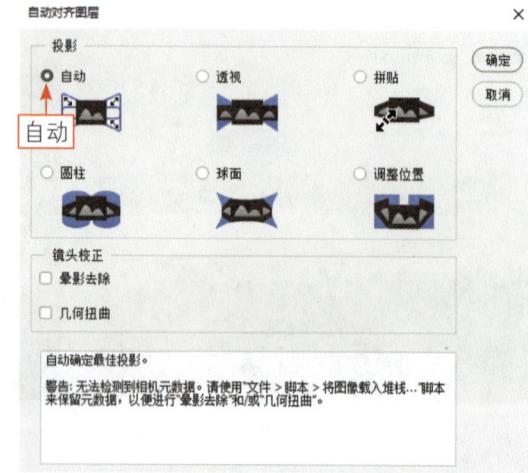

图 5-41 全选所有图层　　　　图 5-42 选中"自动"单选按钮

步骤 03 执行操作后，使用裁剪工具 对图像进行适当的裁剪操作，如图5-43所示，按【Enter】键确认，即可合成全景图。

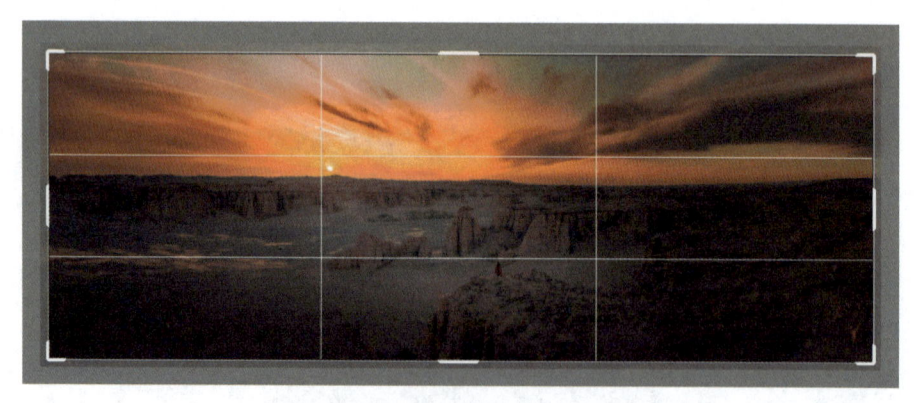

图 5-43 对图像进行适当裁剪操作

5.2.6　使用"天空替换"命令合成天空

【效果展示】在风景照片的后期处理中，合理的天空效果可以极大地提升图像的美感和品质，而PS的"天空替换"命令提供了简单直接的方式来实现这一效果。

扫码看教学视频

"天空替换"命令内置了多种高质量的天空图像模板，用户也可以导入外部图片作为自定义天空图像，同时保留图像的自然景深，原图与效果图对比如图5-44所示。

图 5-44 原图与效果图对比

下面介绍使用"天空替换"命令合成天空的操作方法。

步骤 01 选择"文件"|"打开"命令，打开一幅素材图像，选择"编辑"|"天空替换"命令，弹出"天空替换"对话框，单击"天空"右侧的下拉按钮，如图5-45所示。

步骤 02 在弹出的列表框中选择相应的天空图像模板，如图5-46所示，单击"确定"按钮，即可合成新的天空图像。

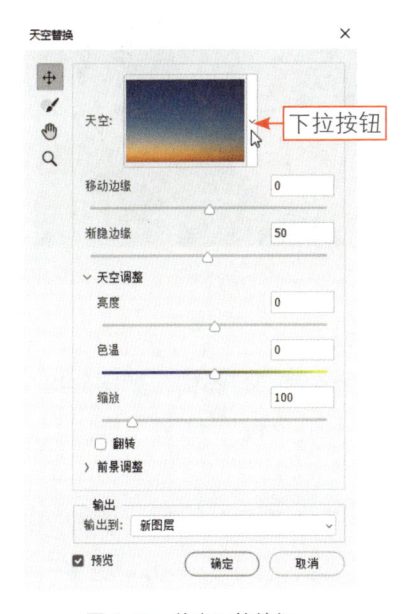

图 5-45 单击下拉按钮

图 5-46 选择相应的天空图像模板

5.3 Photoshop AI 实战案例

通过学习前面的内容，相信读者已经熟练掌握了Photoshop AI的基本使用技巧与修图功能，本节将继续通过4个案例，介绍Photoshop软件在不同领域的应用与操作方法，读者通过学习本节内容，可以举一反三，处理并设计出更多专业的图像或平面广告效果。

5.3.1 调整人像摄影照片

【效果展示】在人像照片中，往往有各种各样不尽如人意的瑕疵需要处理，在对人物的处理上，PS有着强大的修复功能，利用这些功能可以将这些缺陷消除。同时，还可以对照片中的人物进行美容与修饰，使人物以一个近乎完美的姿态展现出来。本实例的最终效果如图5-47所示。

图 5-47 效果展示

下面介绍调整人像摄影照片的具体操作方法。

步骤01 选择"文件"|"打开"命令，打开一幅素材图像，如图5-48所示。

步骤02 在"图层"面板中，按【Ctrl+J】组合键，复制一个图层，得到"图层1"图层，如图5-49所示。

步骤03 选择"窗口"|"调整"命令，展开"调整"面板，单击"调整预设"选项旁的下拉按钮，展开"调整预设"选项区，在下方单击"更多"按钮，展开"人像"选项区，选择"阳光"选项，如图5-50所示。

第5章　Photoshop AI入门与实战

步骤04 执行操作后，即可将照片调为"阳光"风格的暖色调，如图5-51所示。

图 5-48　打开一幅素材图像

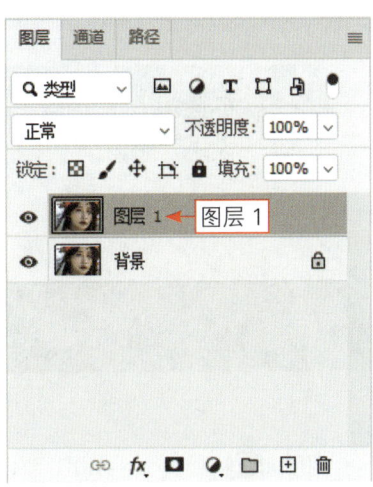

图 5-49　得到"图层1"图层

图 5-50　选择"阳光"选项

图 5-51　调为"阳光"风格的暖色调

步骤05 展开"电影的"选项区，选择"忧郁蓝"选项，即可将人像照片调为"忧郁蓝"风格的色调效果，如图5-52所示。

129

步骤06 选择"照片滤镜1"调整图层,在"属性"面板中设置"密度"为25%;选择"亮度/对比度1"调整图层,在"属性"面板中设置"亮度"为-15、"对比度"为13,调整图像的"忧郁蓝"色调,效果如图5-53所示。

图5-52 调为"忧郁蓝"风格的色调

图5-53 调整图像的"忧郁蓝"色调效果

步骤07 按【Ctrl+Shift+Alt+E】组合键,盖印图层,得到"图层2"图层,选择"滤镜"|"Camera Raw滤镜"命令,打开Camera Raw窗口。在右侧展开"亮"选项区,在其中设置"对比度"为20、"高光"为-23、"阴影"为-19;展开"效果"选项区,设置"清晰度"为10、"去除薄雾"为9,调整人像照片的色调,使人像面容更加清晰,效果如图5-54所示。

图5-54 调整人像照片的色调

5.3.2 调整草原风光照片

【效果展示】本实例主要介绍处理草原风光照片的方法，给照片添加更多的细节，可以使画面内容更加丰富、漂亮，主要包括在草原中绘出一片湖泊、换天并添加一群飞鸟等。本实例的最终效果如图5-55所示。

图 5-55 效果展示

下面介绍调整草原风光照片的具体操作方法。

步骤 01 选择"文件"|"打开"命令，打开一幅素材图像，运用套索工具 ⌒ 在图中合适的位置创建一个不规则的选区，如图5-56所示。

步骤 02 在选区下方的工具栏中单击"创成式填充"按钮，在工具栏左侧的输入框中输入提示词"暗蓝色的湖泊"，单击"生成"按钮，如图5-57所示。

图 5-56 创建一个不规则的选区

图 5-57 单击"生成"按钮

步骤03 执行操作后，即可在图像中的适当区域绘制一片暗蓝色的湖泊，为风光照片添加了一道美丽的风景线，效果如图5-58所示。

步骤04 按【Ctrl+Shift+Alt+E】组合键，盖印图层，得到"图层1"图层，运用移除工具对暗蓝色的湖泊进行适当的修饰处理，效果如图5-59所示。

图 5-58 绘制一片暗蓝色的湖泊　　　　图 5-59 对湖泊进行适当的修饰处理

步骤05 选择"编辑"|"天空替换"命令，弹出"天空替换"对话框，然后单击"天空"旁边的下拉按钮，在弹出的列表框中选择相应的天空图像模板，如图5-60所示。

步骤06 单击"确定"按钮，即可合成新的天空图像，效果如图5-61所示。

图 5-60 选择天空图像模板　　　　图 5-61 合成新的天空图像

步骤 07 按【Ctrl+Shift+Alt+E】组合键，盖印图层，得到"图层2"图层，选取工具箱中的椭圆选框工具 ，在工具属性栏中单击"添加到选区"按钮 ，在图像中的适当位置创建多个椭圆选区，在工具栏中单击"创成式填充"按钮，如图5-62所示。

步骤 08 在左侧输入提示词"飞鸟"，单击"生成"按钮，在天空中生成相应的飞鸟元素，效果如图5-63所示。

图 5-62　单击"创成式填充"按钮　　　　图 5-63　生成飞鸟

5.3.3　生成珠宝宣传广告

【效果展示】珠宝宣传广告展示了珠宝的美丽和高品质工艺，促使消费者购买或关注特定的珠宝品牌或产品线。本实例的最终效果如图5-64所示。

图 5-64　效果展示

下面介绍生成珠宝宣传广告的具体操作方法。

步骤 01 选择"文件"|"打开"命令，打开一幅素材图像，如图5-65所示。

步骤 02 选择"图像"|"画布大小"命令，弹出"画布大小"对话框，选择相应的定位方向，并设置"宽度"为1363像素、"高度"为1769像素，如图5-66所示。

图 5-65　打开一幅素材图像

图 5-66　设置各参数

步骤 03 单击"确定"按钮，即可扩展图像画布，效果如图5-67所示。

步骤 04 选取工具箱中的矩形选框工具，在图像四周的空白画布上创建多个矩形选区，如图5-68所示。

图 5-67　扩展图像画布

图 5-68　创建多个矩形选区

步骤 05 在菜单栏中选择"编辑"|"内容识别填充"命令,弹出"内容识别填充"面板,单击"确定"按钮,即可对图像进行内容识别填充,效果如图5-69所示。

步骤 06 按【Ctrl+Shift+Alt+E】组合键,盖印图层,得到"图层1"图层,选择"图像"|"调整"|"亮度/对比度"命令,弹出"亮度/对比度"对话框,设置"亮度"为30、"对比度"为10,单击"确定"按钮,调整图像的整体亮度与对比度,效果如图5-70所示。

图 5-69 进行内容识别填充　　　　图 5-70 调整图像的亮度与对比度

步骤 07 选取横排文字工具 T,输入相应文本内容并设置字体格式,效果如图5-71所示。

步骤 08 再次输入相应的英文内容,并设置字体格式,效果如图5-72所示。

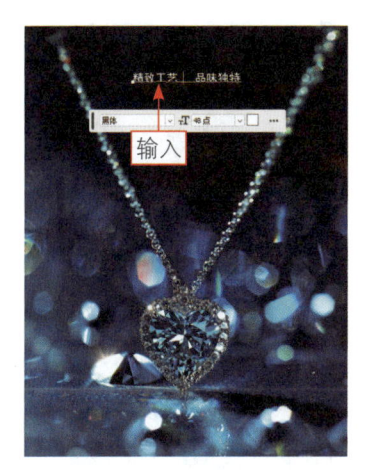

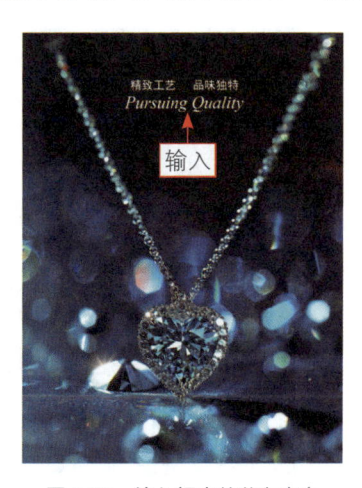

图 5-71 输入文本内容　　　　图 5-72 输入相应的英文内容

步骤09 用同样的方法，在广告中的适当位置输入珠宝广告的主题文字，并设置字体格式，效果如图5-73所示。

步骤10 选择"图层"|"图层样式"|"描边"命令，弹出"图层样式"对话框，在右侧设置"大小"为1像素、"颜色"为黑色，单击"确定"按钮，为文字添加描边样式，使主题文字更突出，效果如图5-74所示。

图 5-73　输入珠宝广告的主题文字

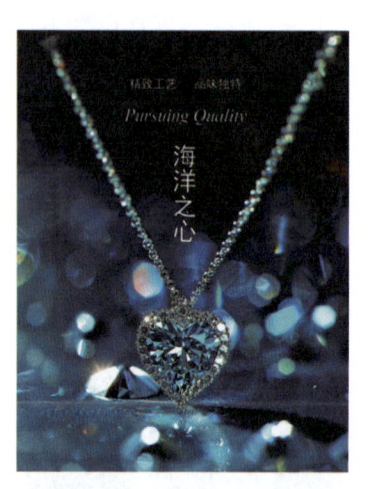

图 5-74　为文字添加描边样式

5.3.4　生成手提袋包装效果图

【效果展示】手提袋包装是品牌的传播媒介，通过独特的设计，让手提袋本身成为行走的广告，提升了品牌的知名度。本实例的最终效果如图5-75所示。

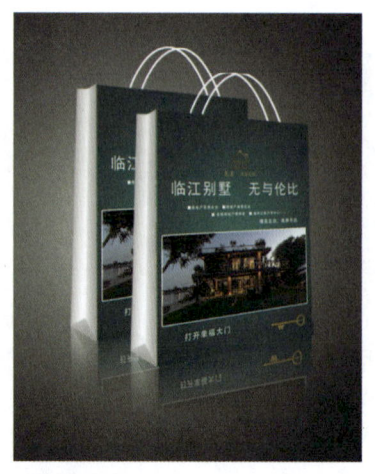

扫码看教学视频

图 5-75　效果展示

下面介绍生成手提袋包装效果图的具体操作方法。

步骤 01 选择"文件"|"新建"命令，弹出"新建文档"对话框，设置"名称"为"手提袋包装"、"宽度"为593像素、"高度"为768像素、"分辨率"为150像素/英寸、"背景内容"为"白色"，单击"创建"按钮，如图5-76所示。

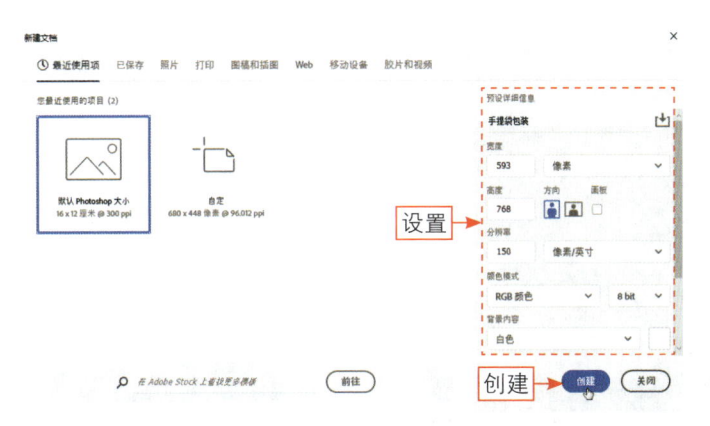

图 5-76 单击"创建"按钮

步骤 02 新建一个空白图像，选取工具箱中的渐变工具，在工具属性栏中设置"对当前图层应用渐变"为"经典渐变"，单击右侧的渐变条，弹出"渐变编辑器"对话框，设置从青绿色（RGB参数值为0、126、128）到深绿色（RGB参数值为0、63、64）的渐变色，单击"确定"按钮，如图5-77所示。

步骤 03 新建"图层1"图层，在工具属性栏中单击"径向渐变"按钮，将鼠标指针移至图像编辑窗口中的合适位置，按住鼠标左键从中间向下方拖曳，至合适的位置后释放鼠标左键，即可填充渐变色，效果如图5-78所示。

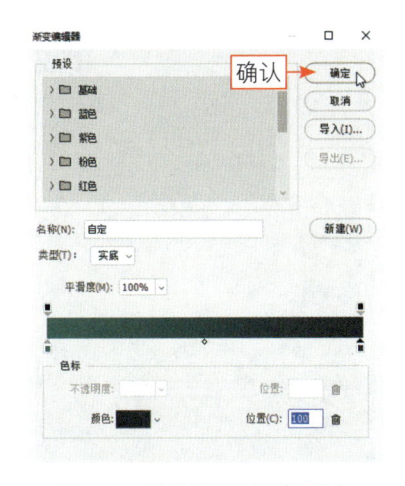

图 5-77 设置从青绿色到深绿色　　　　图 5-78 新建图层并填充渐变色

步骤 04 打开本案例第1个素材图像，运用移动工具 将素材图像拖曳至"手提袋包装"图像编辑窗口中，适当调整图像的大小和位置，效果如图5-79所示。

步骤 05 选择"图层"|"图层样式"|"描边"命令，弹出"图层样式"对话框，在右侧设置"大小"为3像素、"位置"为"外部"、"颜色"为白色，单击"确定"按钮，为图像添加描边效果，如图5-80所示。

图 5-79　调整图像的大小和位置

图 5-80　为图像添加描边效果

步骤 06 打开本案例的第2个素材图像，如图5-81所示。

步骤 07 在"图层"面板中，选择相应的文字图层，复制并原位粘贴至"手提袋包装"图像编辑窗口中，效果如图5-82所示。

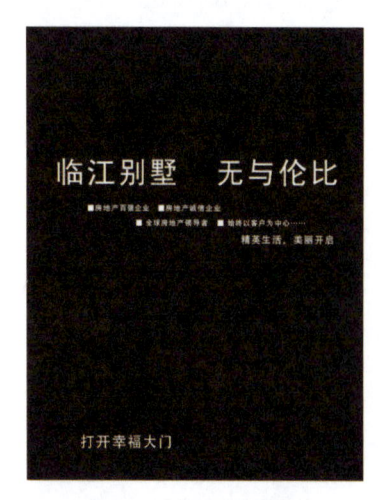

图 5-81　打开素材图像

图 5-82　复制并原位粘贴素材

步骤 08 选取工具箱中的矩形选框工具□，在上方的适当位置创建一个矩形选区，在下方的工具栏中单击"创成式填充"按钮，如图5-83所示。

步骤 09 在工具栏中输入相应的提示词，单击"生成"按钮，如图5-84所示。

图 5-83　单击"创成式填充"按钮

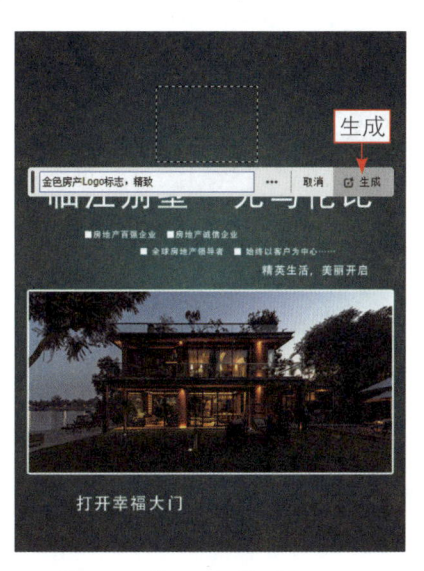

图 5-84　单击"生成"按钮（1）

步骤 10 执行操作后，即可生成相应的图像效果，如图5-85所示。

步骤 11 再次运用矩形选框工具□在图像的右下角创建一个矩形选区，单击"创成式填充"按钮，输入相应的提示词，单击"生成"按钮，如图5-86所示。

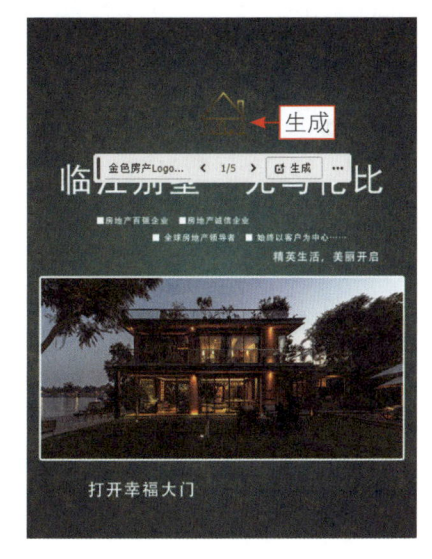

图 5-85　生成相应的图像效果（1）

图 5-86　单击"生成"按钮（2）

步骤12 执行操作后,即可生成相应的图像效果,如图5-87所示。

步骤13 按【Ctrl+Shift+Alt+E】组合键,盖印图层,得到"图层3"图层,打开本案例的第3个素材图像,在"图层"面板中选择相应的文字图层,复制并原位粘贴至"手提袋包装"图像编辑窗口中,效果如图5-88所示。

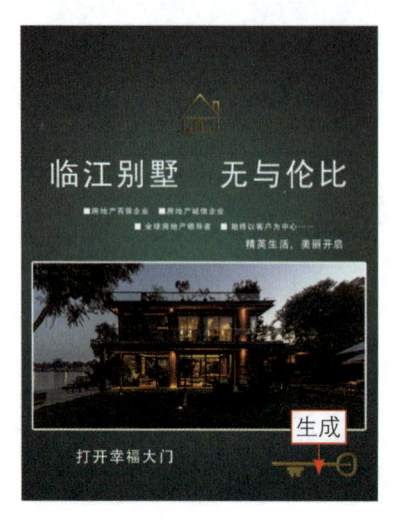

图 5-87 生成相应的图像效果(2)

图 5-88 复制并原位粘贴文字素材

步骤14 选择"文件"|"打开"命令,然后打开本案例的第4个素材图像,如图5-89所示。

步骤15 确认"手提袋包装"为当前图像编辑窗口,按【Ctrl+Alt+Shift+E】组合键,盖印图层,如图5-90所示,得到"图层3"图层。

图 5-89 打开一幅素材图像

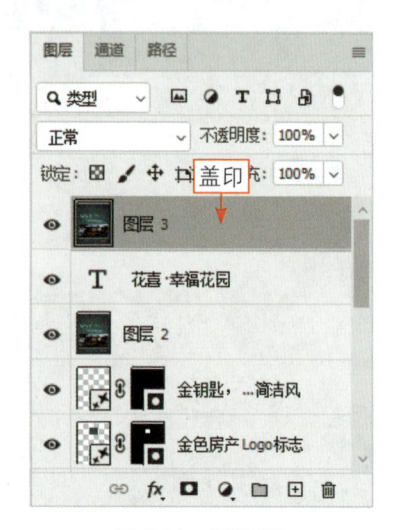

图 5-90 盖印图层

步骤16 运用移动工具➕将该图像移至第4个素材图像的图像编辑窗口中，此时"图层"面板中将自动生成"图层1"图层，按【Ctrl+T】组合键，调出变换控制框，拖曳图像四周的控制柄，调整图像的大小和位置，按【Enter】键确认变换，效果如图5-91所示。

步骤17 选择"编辑"|"变换"|"扭曲"命令，调出变换控制框，依次向下拖曳右上角的控制柄和向上拖曳右下角的控制柄，扭曲图像，按【Enter】键确认变换操作，效果如图5-92所示。

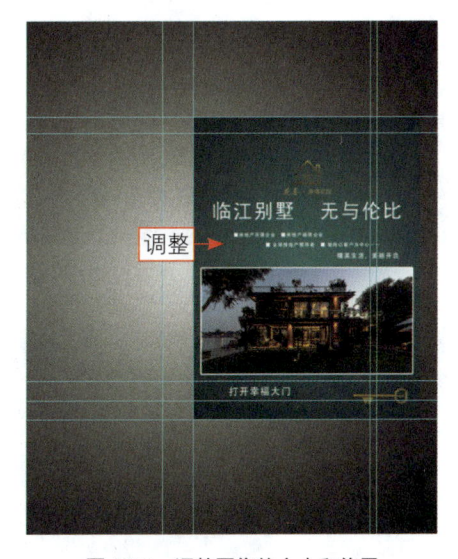

图 5-91　调整图像的大小和位置　　　　　图 5-92　变换图像

步骤18 打开本案例第5个素材图像，运用移动工具➕将素材图像拖曳至第4个素材的图像编辑窗口中，适当调整图像的位置，效果如图5-93所示。

步骤19 展开"图层"面板，在"背景"图层上方新建"图层3"图层，选取工具箱中的钢笔工具✒，在图像编辑窗口中创建一条曲线路径，按【Ctrl+Enter】组合键，将路径转换为选区，选择"编辑"|"描边"命令，弹出"描边"对话框，设置"宽度"为3像素、"颜色"为白色，单击"确定"按钮，即可描边选区，并取消选区，效果如图5-94所示。

步骤20 复制"图层3"图层，得到"图层3 拷贝"图层，移动图像至合适的位置，效果如图5-95所示。

步骤21 在"图层"面板中，复制"图层1"图层，得到"图层1 拷贝"图层，按【Ctrl+T】组合键，调出变换控制框，单击鼠标右键，在弹出的快捷菜单中选择"垂直翻转"命令，垂直翻转图像，再适当调整图像的位置，效果如图5-96所示。

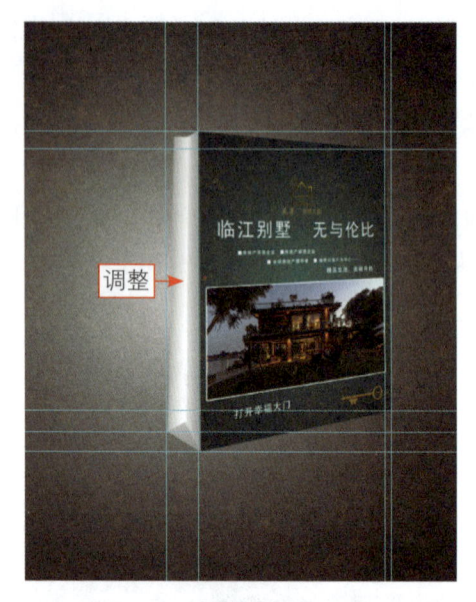

图 5-93 适当调整图像的位置

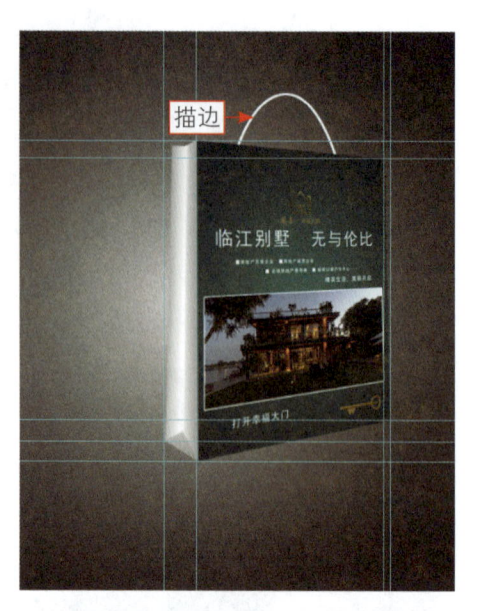

图 5-94 创建曲线路径并描边选区

图 5-95 移动图像至合适的位置

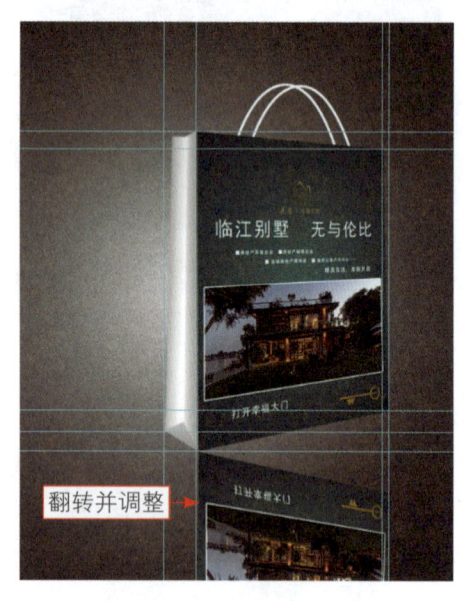

图 5-96 翻转图像并调整位置

步骤22 按【Ctrl+T】组合键，再次调出变换控制框，在控制框内单击鼠标右键，在弹出的快捷菜单中选择"斜切"命令，将鼠标指针移至右侧的控制点上，按住鼠标左键向上拖曳，对图像进行斜切操作，按【Enter】键确认，效果如图5-97所示。

142

步骤 23 为"图层1 拷贝"图层添加图层蒙版,使用渐变工具■从下至上填充黑白线性渐变色,制作出倒影效果,如图5-98所示。

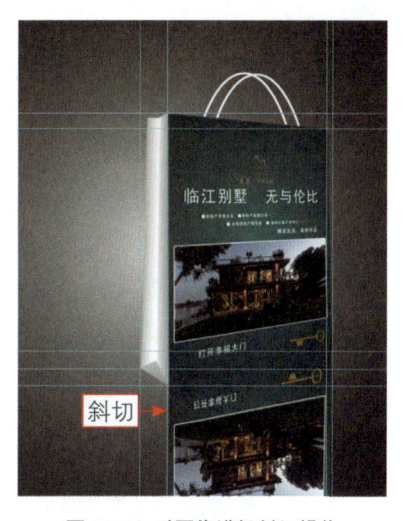

图 5-97 对图像进行斜切操作

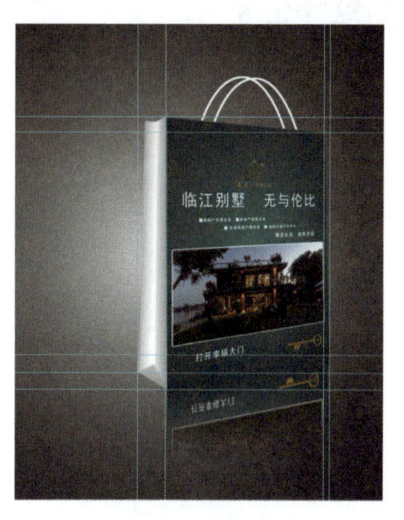

图 5-98 制作出倒影效果(1)

步骤 24 复制"图层2"图层,得到"图层2 拷贝"图层,用同样的操作方法,将其调整至合适的位置,并制作出倒影效果,效果如图5-99所示。

步骤 25 在"图层"面板中,选择除"背景"图层以外的所有图层,按【Ctrl+G】组合键进行编组,得到"组1"组;复制"组1"组,得到"组1 拷贝"组,然后适当调整图像的位置,按【Ctrl+H】组合键,隐藏辅助线,效果如图5-100所示。

图 5-99 制作出倒影效果(2)

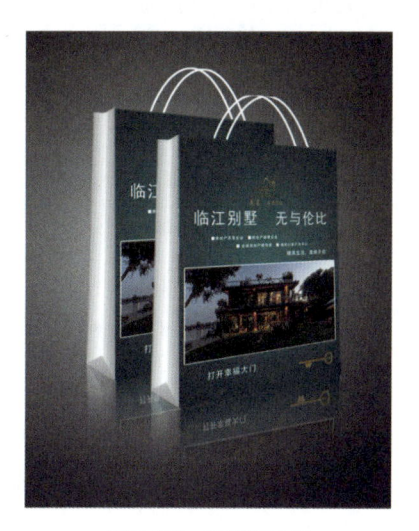

图 5-100 隐藏辅助线

第 6 章　剪映 AI 入门与实战

　　剪映随着版本的更新，带来了更多的AI剪辑功能，这些功能可以帮助大家快速提升剪辑效率，节省剪辑时间，提高工作效率。本章将介绍如何使用剪映中的AI功能剪辑视频，帮助大家熟练掌握剪映AI。

6.1 剪映 AI 快速上手

剪映中的AI剪辑功能可以帮助人们快速剪辑视频，用户只需稍等片刻，就可以制作出理想的画面效果。本节主要介绍AI剪辑入门功能，帮助大家打好剪辑基础。

6.1.1 智能转换视频比例

【效果展示】利用智能转比例功能可以转换视频的比例，快速实现横竖屏转换，同时保持人物主体在最佳位置，自动追踪主体。在剪映中可以将横版的视频转换为竖版的视频，这样视频就更适合在手机中播放和观看，还能裁去多余的画面，原图与效果图对比如图6-1所示。

扫码看教学视频

图 6-1 原图与效果图对比

下面介绍智能转换视频比例的操作方法。

步骤01 打开剪映电脑版，进入剪映电脑版首页，为了转换视频的比例，单击"智能裁剪"按钮，如图6-2所示。

图 6-2 单击"智能裁剪"按钮

145

步骤 02 弹出"智能裁剪"面板,单击"导入视频"按钮,如图6-3所示。

图 6-3 单击"导入视频"按钮

步骤 03 弹出"打开"对话框,在相应的文件夹中,选择视频素材,单击"打开"按钮,如图6-4所示,导入视频。

步骤 04 执行操作后,选择9∶16选项,把横屏转换为竖屏,然后单击"镜头稳定度"旁的下拉按钮,在弹出的下拉列表框中选择"稳定"选项,如图6-5所示。

图 6-4 单击"打开"按钮　　　　　　图 6-5 选择"稳定"选项

步骤 05 单击"镜头位移速度"旁的下拉按钮,在弹出的下拉列表框中选择"更慢"选项,继续稳定画面。单击"导出"按钮,如图6-6所示。

步骤 06 弹出"另存为"对话框，选择合适的保存路径，单击"保存"按钮，如图6-7所示，即可把成品视频导出至相应的文件夹中。

图 6-6　单击"导出"按钮　　　　　图 6-7　单击"保存"按钮

★ 专 家 提 醒 ★

在剪映中，智能转比例功能需要开通剪映会员才能使用，其他一些智能功能也需要开通剪映会员才能使用，用户可以根据需要选择是否开通会员。

6.1.2　智能识别字幕

【效果展示】运用智能识别字幕功能识别出来的字幕，会自动生成在视频画面的下方，不过需要视频中带有清晰的人声音频，否则识别不出来，方言和外语可能也识别不出来，效果如图6-8所示。

扫码看教学视频

图 6-8　效果展示

下面介绍智能识别字幕的操作方法。

步骤01 打开剪映电脑版，在首页单击"开始创作"按钮，如图6-9所示。

步骤02 进入"媒体"功能区，在"本地"选项卡中单击"导入"按钮，如图6-10所示。

图6-9 单击"开始创作"按钮　　　　图6-10 单击"导入"按钮

步骤03 弹出"请选择媒体资源"对话框，在相应的文件夹中，选择视频素材，单击"打开"按钮，如图6-11所示，导入素材。

步骤04 单击视频素材右下角的"添加到轨道"按钮，如图6-12所示，把视频素材添加到视频轨道中。

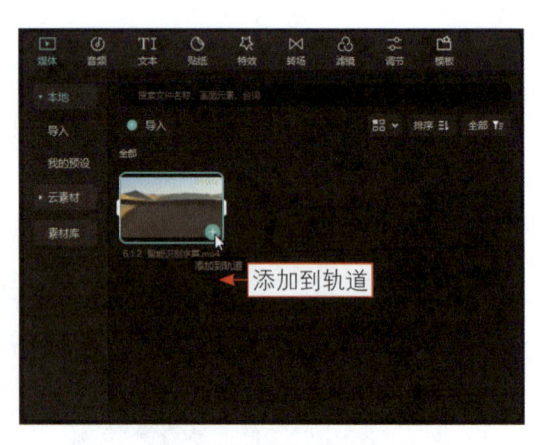

图6-11 单击"打开"按钮　　　　图6-12 单击"添加到轨道"按钮

步骤05 单击"文本"按钮，进入"文本"功能区，切换至"智能字幕"选项卡，单击"识别字幕"选项区中的"开始识别"按钮，如图6-13所示，稍等片刻，即可识别字幕，生成字幕轨道。

步骤06 在音频轨道中单击音频字幕，在右侧单击"文本"按钮，进入"文本"功能区，切换至"气泡"选项卡，如图6-14所示。

图 6-13 单击"开始识别"按钮

图 6-14 切换至"气泡"选项卡

步骤 07 选择一个合适的气泡模板，适当调整大小，即可给字幕添加气泡效果，如图6-15所示。

图 6-15 给字幕添加气泡效果

6.1.3 智能抠像功能

【效果展示】使用智能抠像功能可以把人物抠出来，还可以更换视频背景，让人物处于不同的场景中，效果如图6-16所示。

扫码看教学视频

149

图 6-16　效果展示

下面介绍智能抠像的操作方法。

步骤 01 在"本地"选项卡中导入背景视频和人物视频，单击视频右下角的"添加到轨道"按钮，如图6-17所示，把视频添加到视频轨道中。

步骤 02 执行操作后，把人物视频拖曳至背景视频的上方，如图6-18所示。

图 6-17　单击"添加到轨道"按钮 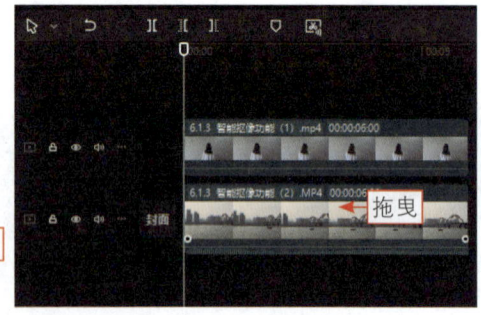　　　　图 6-18　把人物视频拖曳至背景视频上方

步骤 03 选择人物视频，在"画面"功能区中，切换至"抠像"选项卡，选中"智能抠像"复选框，稍等片刻，即可把人物抠出来，更换背景，如图6-19所示。

图 6-19　选中"智能抠像"复选框

6.1.4 智能补帧功能

【效果展示】在一些比较唯美的视频中，会使用慢动作效果。在制作慢速效果的时候，可以使用智能补帧功能，让慢速画面变得流畅。在走路视频中，可以制作走路慢动作效果，营造氛围感，效果展示如图6-20所示。

图 6-20 智能补帧效果展示

下面介绍使用智能补帧功能的操作方法。

步骤 01 在"本地"选项卡中导入视频素材，单击视频素材右下角的"添加到轨道"按钮，如图6-21所示。

图 6-21 单击"添加到轨道"按钮

步骤 02 执行操作后，即可将视频素材添加到视频轨道中，如图6-22所示。

图 6-22 将视频素材添加到视频轨道中

步骤 03 单击"变速"按钮,进入"变速"操作区,在"常规变速"选项卡中设置"倍速"参数为0.2x,选中"智能补帧"复选框,稍等片刻,即可制作慢动作视频效果,如图6-23所示。

图 6-23 选中"智能补帧"复选框

步骤 04 给视频添加一首合适的音乐,可以看到,进行变速处理后的视频,视频的时长也发生了变化,如图6-24所示。

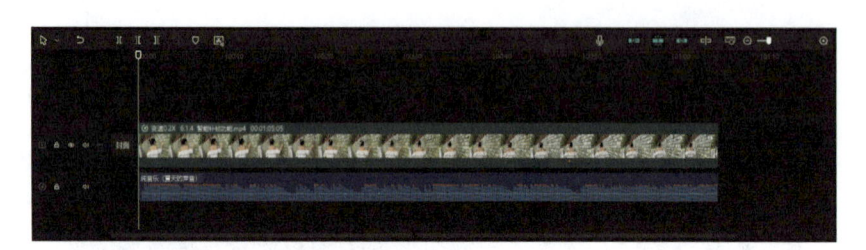

图 6-24 视频时长发生变化

★ 专家提醒 ★

在进行变速操作时,将视频进行降速处理,会拉长视频的时长;反之,将视频进行提速处理,则会缩短视频的时长。

6.1.5 智能调色功能

【效果展示】如果视频画面过曝或者欠曝,色彩也不够鲜艳,则可以使用智能调色功能,对画面进行自动调色,用户还可以通过调整相应的调节参数,让视频画面更靓丽,原视频画面与调整后的视频画面对比如图6-25所示。

图 6-25 原视频画面与调整后的视频画面对比

下面介绍使用智能调色功能的操作方法。

步骤01 在"本地"选项卡中导入视频素材,单击视频素材右下角的"添加到轨道"按钮,如图6-26所示。

图 6-26 单击"添加到轨道"按钮

步骤02 执行操作后,即可将视频素材添加到视频轨道中,如图6-27所示。

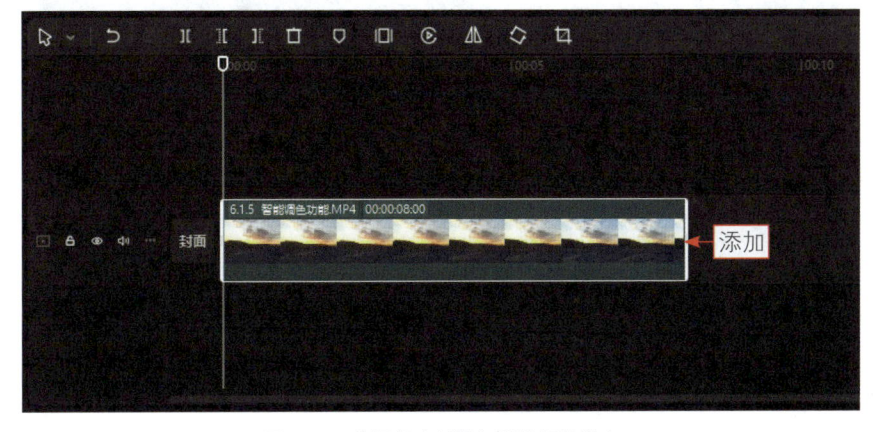

图 6-27 将视频素材添加到视频轨道中

步骤 03 选择视频素材，单击"调节"按钮，进入"调节"操作区，选中"智能调色"复选框，进行智能调色，如图6-28所示。

图 6-28 选中"智能调色"复选框

步骤 04 为了继续调整视频画面，设置"色温"参数为15、"色调"参数为30、"饱和度"参数为10、"光感"参数为3，让画面偏紫色调、偏暖色，同时让视频色彩更鲜艳，画面变亮，如图6-29所示。

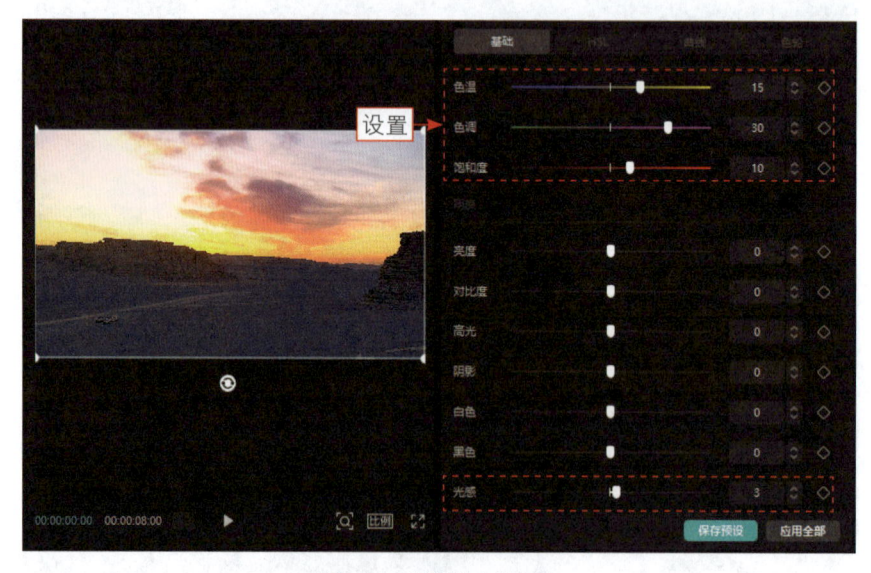

图 6-29 设置相应的参数

★ 专家提醒 ★

在进行智能调色处理时，用户还可以设置"强度"参数，控制调色程度。

6.2 剪映 AI 核心技术

为了让大家学会更多的剪映AI功能，本节将介绍更多的剪映AI知识，包括AI编辑人声、AI处理音频、使用图文成片功能写文案，以及使用图文成片功能生成短视频，帮助大家熟练掌握剪映AI核心技术的使用方法。

6.2.1 使用AI编辑人声

剪映中的AI功能可以智能处理视频中的音频，提升音效处理的时间和效率。下面将介绍利用AI编辑人声功能的技巧，帮助大家了解剪映AI的更多功能。

1. 智能人声分离

【效果展示】如果视频中的音频同时有人声和背景音，则可以使用人声分离功能，仅保留人声或者背景音，视频效果展示如图6-30所示。

图 6-30　视频效果展示

下面介绍智能人声分离的操作方法。

步骤 01　打开剪映电脑版，在"本地"选项卡中导入视频素材，单击视频素材右下角的"添加到轨道"按钮，如图6-31所示。

图 6-31　单击"添加到轨道"按钮

步骤02 把视频素材添加到视频轨道中，如图6-32所示。

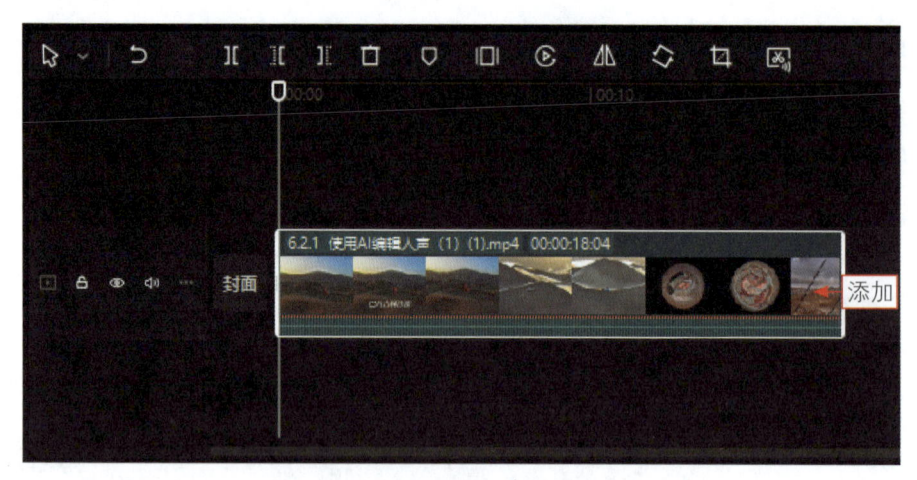

图 6-32 把视频素材添加到视频轨道中

步骤03 单击"音频"按钮，进入"音频"操作区，选中"人声分离"复选框，选择"仅保留人声"选项，将背景音进行分离并删除，如图6-33所示。

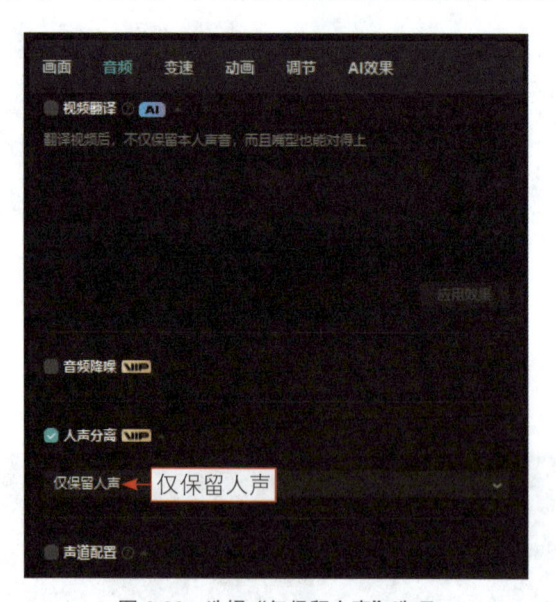

图 6-33 选择"仅保留人声"选项

2. 智能改变音色

【效果展示】如果用户对自己的原声音色不是很满意，或者想改变音频的音色，就可以使用AI改变音频的音色，实现"魔法变声"。本案例是将男生的声音变成女生的声音，视频效果展示如图6-34所示。

扫码看案例效果

图6-34 视频效果展示

下面介绍智能改变音色的操作方法。

步骤 01 打开剪映电脑版，将视频素材添加到视频轨道中，如图6-35所示。

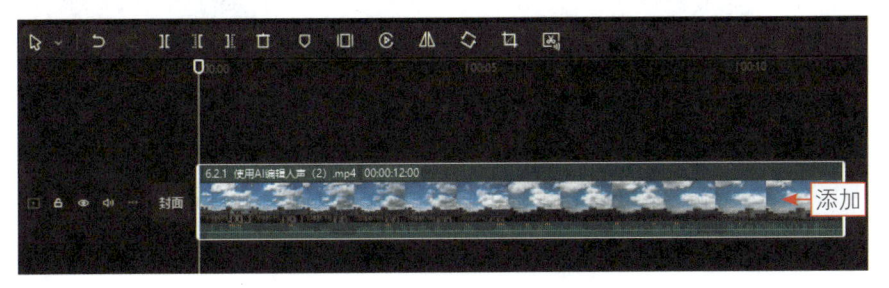

图6-35 将视频素材添加到视频轨道中

步骤 02 单击"音频"按钮，进入"音频"操作区，切换至"声音效果"|"音色"选项卡，选择"广告男声"选项，如图6-36所示，即可改变人声的音色。

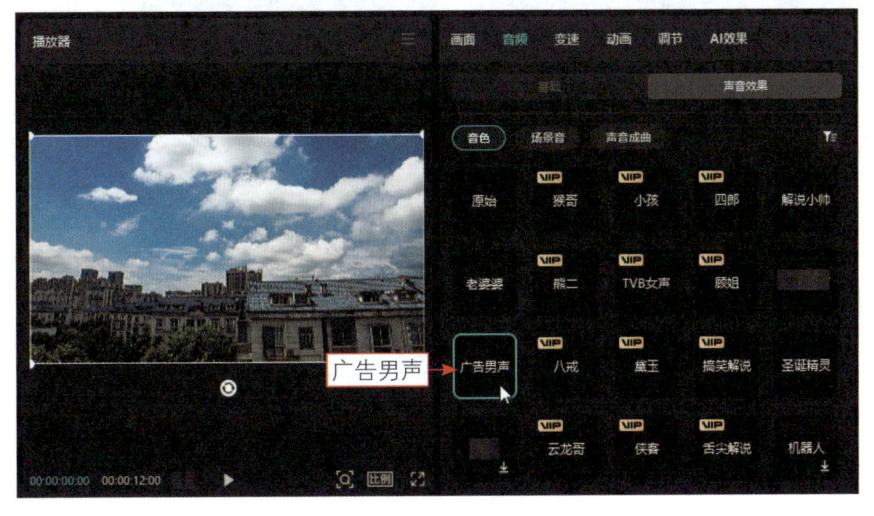

图6-36 选择"广告男声"选项

3. 智能剪口播视频

【效果展示】剪映中的智能剪口播功能可以快速提取口播视频中的语气词和重复用词，这样用户就可以根据需要批量快速删除这些不需要的"废话"，提升口播视频的质量，该功能目前仅支持剪映电脑版使用，视频效果展示如图6-37所示。

图 6-37　视频效果展示

下面介绍智能剪口播视频的操作方法。

步骤 01　在"本地"选项卡中导入视频素材，单击视频素材右下角的"添加到轨道"按钮，如图6-38所示。

步骤 02　把视频素材添加到视频轨道中，在视频素材上单击鼠标右键，在弹出的快捷菜单中选择"智能剪口播"命令，如图6-39所示。

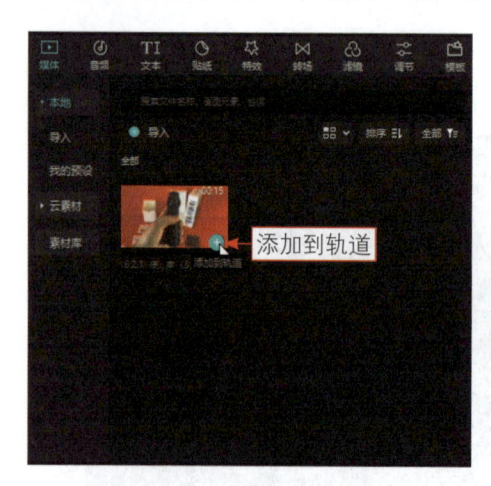

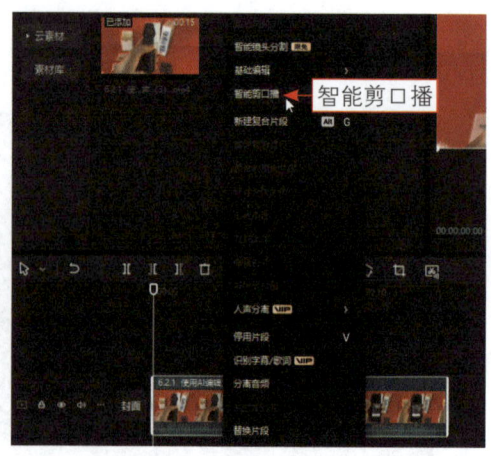

图 6-38　单击"添加到轨道"按钮（1）　　　图 6-39　选择"智能剪口播"命令

步骤 03　弹出"文本"面板，单击"标记无效片段"下拉按钮，系统会默认选中不需要的语气词或者重复用语，检查无误后，单击"删除"按钮，如图6-40所示，即可批量删除多余的片段。

第6章 剪映AI入门与实战

步骤 04 给视频添加一个转场，在第1段素材与第2段素材之间的位置，单击"转场"按钮，进入"转场"功能区，切换至"叠化"选项卡；单击"叠化"转场右下角的"添加到轨道"按钮➕，如图6-41所示，即可添加转场。

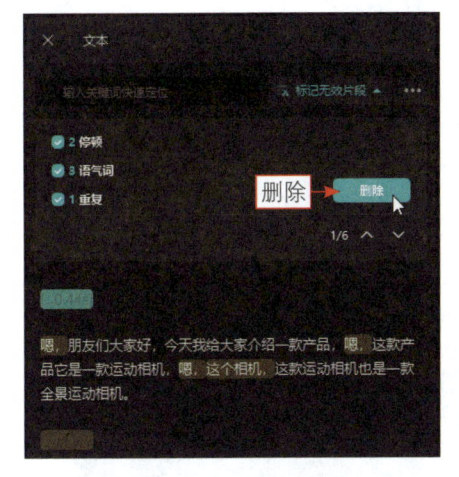

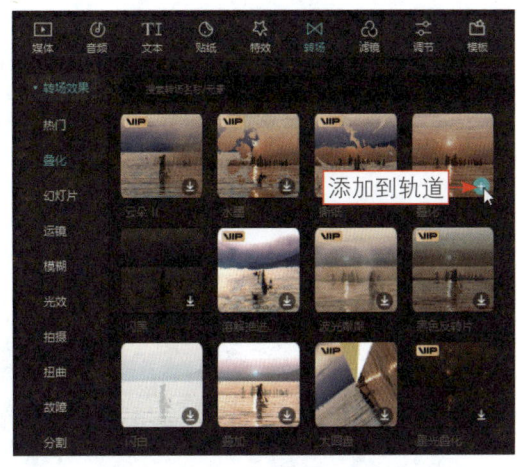

图 6-40 单击"删除"按钮

图 6-41 单击"添加到轨道"按钮（2）

步骤 05 在"转场"操作区中单击"应用全部"按钮，如图6-42所示，在所有素材之间统一添加相同的转场。

图 6-42 单击"应用全部"按钮

6.2.2 使用AI处理音频

【效果展示】在剪映的"场景音"选项卡中，有许多AI声音处理效果，本案例添加的是"回音"效果，适合用在有空旷画面的视频中，视频效果展示如图6-43所示。

扫码看案例效果

图 6-43 视频效果展示

下面介绍使用AI处理音频的操作方法。

步骤 01 打开剪映电脑版，将视频素材添加到视频轨道中，如图6-44所示。

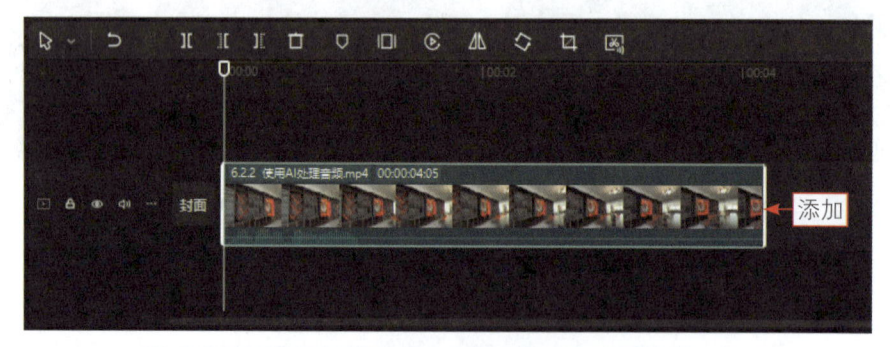

图 6-44 将视频素材添加到视频轨道中

步骤 02 单击"音频"按钮，进入"音频"操作区，切换至"声音效果"|"场景音"选项卡，选择"回音"选项，如图6-45所示，制作回音效果。

图 6-45 选择"回音"选项

6.2.3 使用图文成片功能写文案

在创作短视频的过程中,用户常常会遇到这样的问题:怎么又快又好地写出短视频文案呢?如何精准地写出符合自己需求的文案呢?目前,剪映的图文成片功能就能帮助大家解决这些问题。

下面以写美食教程文案为例,向大家介绍使用图文成片功能写文案的操作方法。

步骤01 进入剪映电脑版首页,为了生成美食教程文案,单击"图文成片"按钮,如图6-46所示。

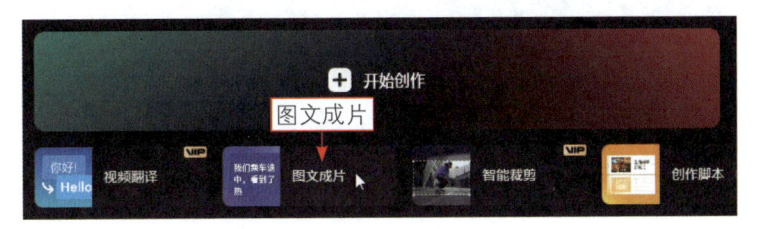

图 6-46 单击"图文成片"按钮

步骤02 弹出"图文成片"面板,切换至"美食教程"选项卡,输入"美食名称"为"蛋炒饭"、"美食做法"为"葱香味做法",设置"视频时长"为"1分钟左右",单击"生成文案"按钮,如图6-47所示。

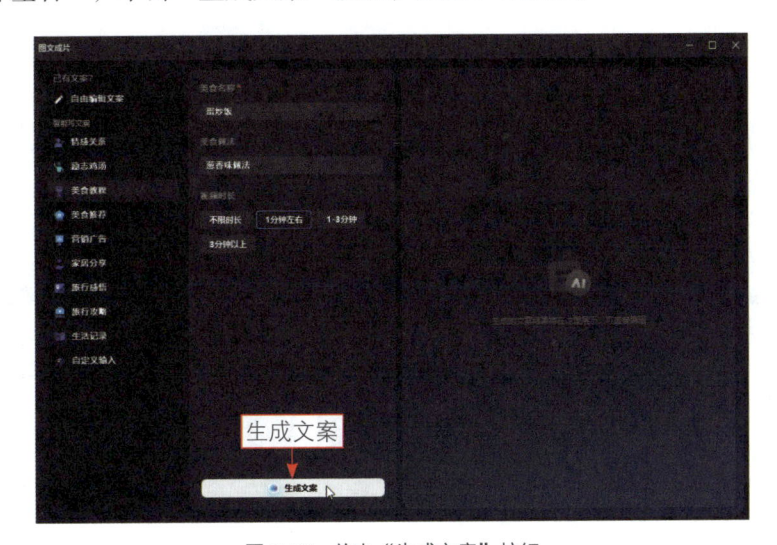

图 6-47 单击"生成文案"按钮

步骤03 稍等片刻,即可生成相应的文案结果,如图6-48所示,单击 按钮,可以切换文案,单击"重新生成"按钮,可以重新生成文案。

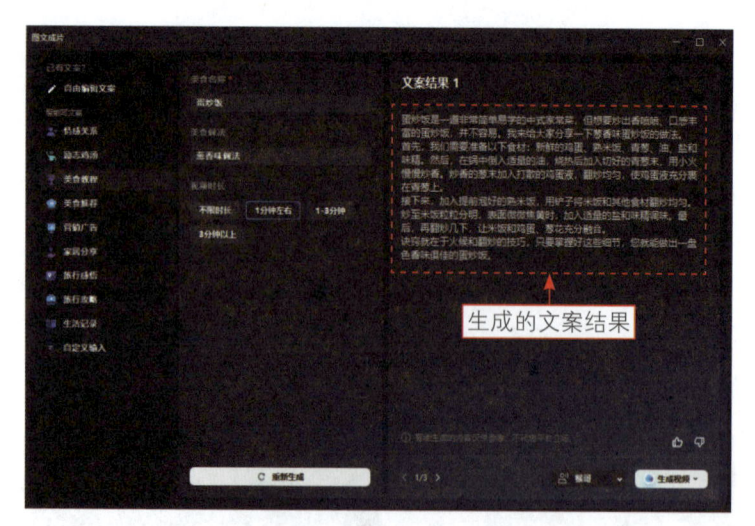

图6-48 生成相应的文案结果

6.2.4 使用图文成片功能生成短视频

用户可以利用剪映中的图文成片功能生成短视频，不过即使是相同的文案，每次生成的视频可能也会有差异。下面将为大家介绍相应的操作方法，帮助大家掌握使用图文成片功能生成短视频的技巧。

步骤01 进入剪映电脑版首页，单击"图文成片"按钮，如图6-49所示。

步骤02 弹出"图文成片"面板，单击"自由编辑文案"按钮，如图6-50所示。

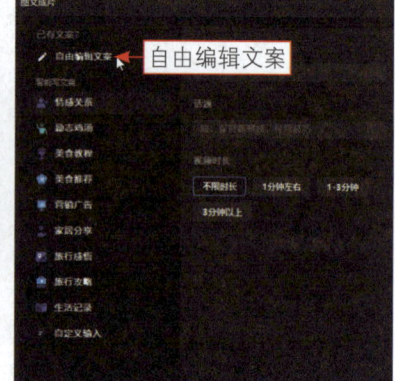

图6-49 单击"图文成片"按钮　　　　图6-50 单击"自由编辑文案"按钮

步骤03 为了让剪映智能生成文案，单击"智能写文案"按钮，如图6-51所示。

图6-51 单击相应的按钮（1）

步骤 04 默认选中"自定义输入"单选按钮，输入"如何拥有健康的身体？100字左右"，单击 → 按钮，如图6-52所示。

图6-52 单击相应的按钮（2）

步骤 05 稍等片刻，生成文案结果，如果对生成的文案结果满意，单击"确认"按钮，如图6-53所示。

图6-53 单击"确认"按钮

步骤 06 设置一个合适的朗读人声，单击"生成视频"按钮，在弹出的列表中选择"智能匹配素材"选项，如图6-54所示。

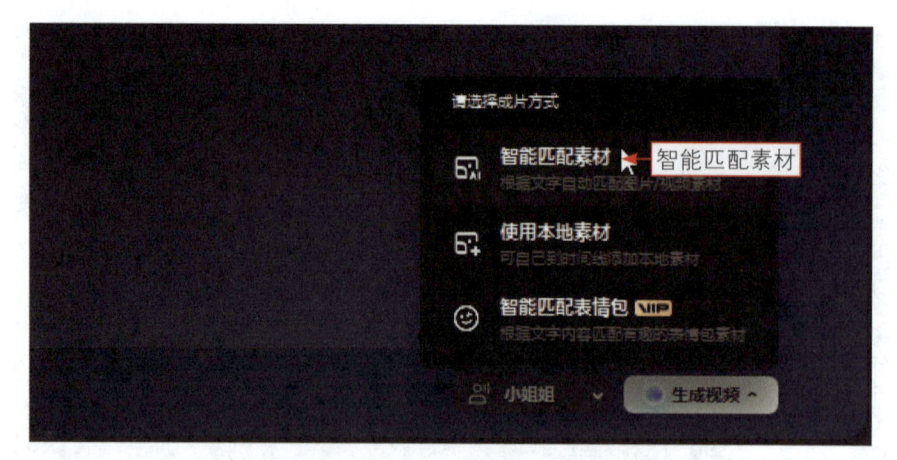

图 6-54 选择"智能匹配素材"选项

步骤 07 稍等片刻，即可生成视频，如图6-55所示。用户如果对生成的视频不满意，可以先复制生成好的文案，然后粘贴文案重新生成视频。

图 6-55 生成的视频效果

6.3 剪映 AI 实战案例

近年来，短视频行业呈爆发式增长，成为一种广受欢迎的内容形式，并逐渐取代长视频成为人们获取信息的主要途径。本节将介绍不同的实战案例，帮助用户巩固所学知识。

6.3.1　生成AI演示视频

【效果展示】剪映更新了AI作画功能，用户只需要输入相应的提示词，系统就能根据描述内容，生成4幅图像。有了这个功能，人们可以省去画图的时间，在剪映中实现一键作图，还可以把生成的图片在剪映中进行编辑加工，制作成动态的视频，效果如图6-56所示。

图 6-56　效果展示

下面介绍生成AI演示视频的操作方法。

步骤 01 进入剪映电脑版视频编辑界面，在"本地"选项卡中单击"导入"按钮，如图6-57所示。

图 6-57　单击"导入"按钮

步骤 02 弹出"请选择媒体资源"对话框，在相应的文件夹中，按【Ctrl+A】组合键全选所有的图片素材，单击"打开"按钮，如图6-58所示，导入素材。

图 6-58 单击"打开"按钮

步骤 03 为了一次性按顺序把所有的素材添加到视频轨道中，单击第1段素材右下角的"添加到轨道"按钮 ⊕，如图6-59所示。

步骤 04 把所有的图片素材添加到视频轨道中，如图6-60所示。

图 6-59 单击"添加到轨道"按钮 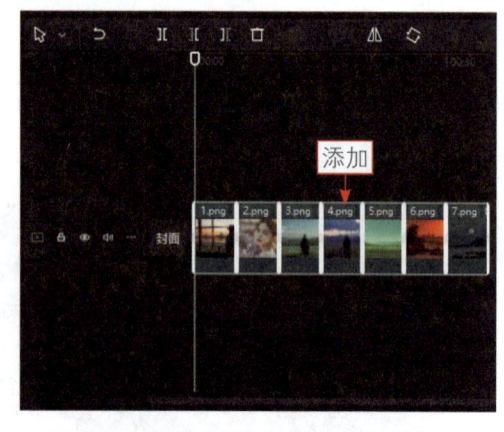   图 6-60 把所有的图片素材添加到视频轨道中

步骤 05 为了添加文本，单击"文本"按钮，进入"文本"功能区，单击"默认文本"右下角的"添加到轨道"按钮 ⊕，如图6-61所示，添加文本。

步骤 06 在"文本"操作区中输入视频文案，如图6-62所示。

步骤 07 单击"朗读"按钮，进入"朗读"操作区，选择"知识讲解"选项，单击"开始朗读"按钮，如图6-63所示。

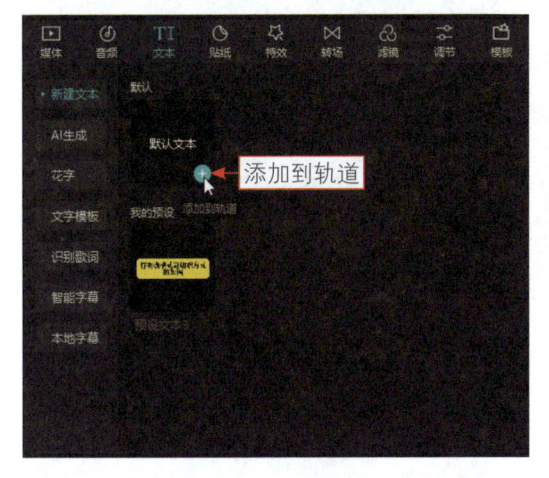

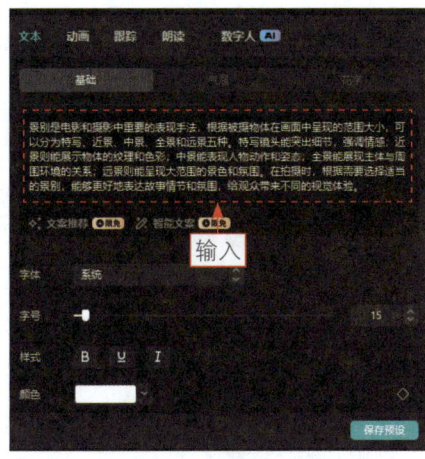

图 6-61　单击"添加到轨道"按钮　　　　图 6-62　输入视频文案

步骤 08 稍等片刻，即可生成音频。如果想要删除不需要的文本，选择文字素材，单击"删除"按钮，如图6-64所示。

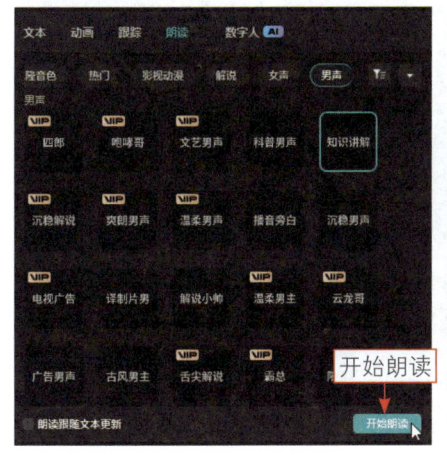

图 6-63　单击"开始朗读"按钮　　　　图 6-64　单击"删除"按钮

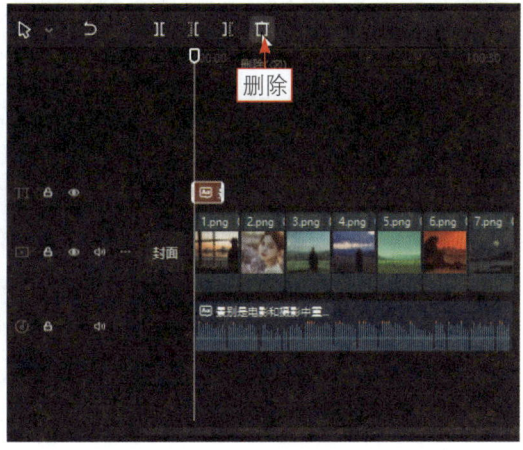

步骤 09 为了使用文稿匹配功能，在"文本"功能区中切换至"智能字幕"选项卡，在"文稿匹配"选项区中单击"开始匹配"按钮，如图6-65所示。

步骤 10 弹出"输入文稿"对话框，输入演示视频对应的文案，单击"开始匹配"按钮，如图6-66所示，即可生成视频字幕。

步骤 11 选择第1段文字，调整文字的样式，在"文本"操作区更改字体，设置"字号"参数为6，如图6-67所示。

图 6-65　单击"开始匹配"按钮（1） 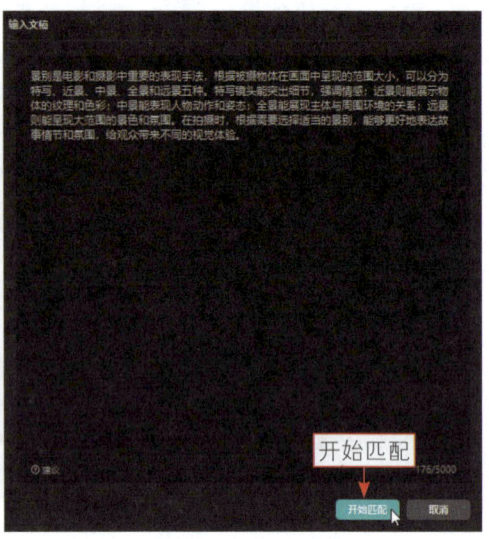　　　图 6-66　单击"开始匹配"按钮（2）

图 6-67　设置"字号"参数

6.3.2　生成AI宣传视频

【效果展示】城市宣传视频可以为城市招商引资，还能起着文旅推广和形象展示的作用。宣传片时长可以不用太长，主要展示重点的城市文化符号，让观众发现城市的美，也能激发文化自信。本节以城

扫码看案例效果

市美食为主题制作宣传视频，借此来吸引游客。在制作宣传视频的时候，可以使用剪映中的图文成片功能以文生视频，并在剪映中进行后期编辑，制作出一段完整的宣传视频，效果如图6-68所示。

图 6-68 效果展示

下面介绍利用AI生成宣传视频的操作方法。

步骤 01 进入剪映电脑版首页，单击"图文成片"按钮，如图6-69所示。

步骤 02 弹出"图文成片"面板，单击"自由编辑文案"按钮，如图6-70所示。

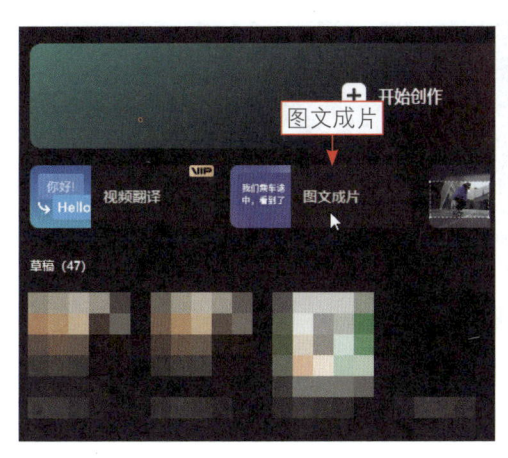

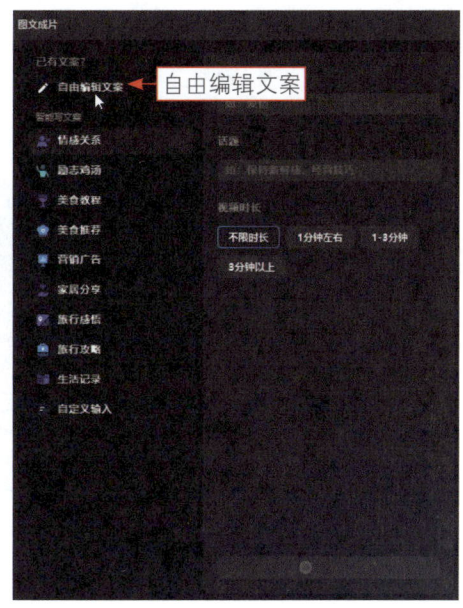

图 6-69 单击"图文成片"按钮　　　图 6-70 单击"自由编辑文案"按钮

步骤 03 为了输入提示词生成文案，单击"智能写文案"按钮，如图6-71所示。

图 6-71 单击"智能写文案"按钮

步骤 04 默认选中"自定义输入"单选按钮,输入"写一篇关于介绍长沙美食的文案,200字",单击 ➔ 按钮,如图6-72所示,稍等片刻。

图 6-72 单击相应的按钮

步骤 05 生成文案结果,单击"确认"按钮,如图6-73所示,由于剪映每次生成的文案都会有差别,所以本章后面的操作可能会有细微变动,不过思路是不变的,大家可以根据实际情况进行调整。

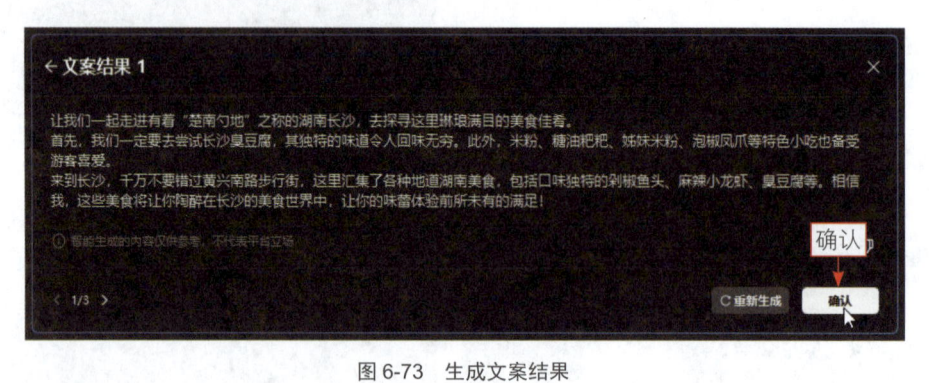

图 6-73 生成文案结果

步骤 06 单击展开按钮 ⌃ ,在弹出的列表中选择"小姐姐"选项,如图6-74所示,更改朗读人声。

步骤 07 为了生成视频,单击"生成视频"按钮,在弹出的列表中选择"智能匹配素材"选项,如图6-75所示。

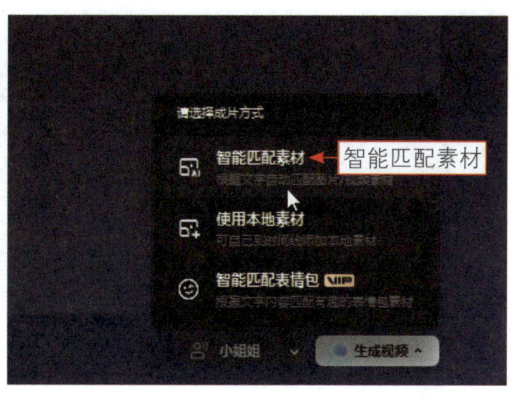

图 6-74 选择"小姐姐"选项　　　　图 6-75 选择"智能匹配素材"选项

步骤 08 稍等片刻，即可生成视频，如图6-76所示。

图 6-76 生成视频效果

6.3.3 生成AI口播视频

口播视频是指视频画面中的人物进行相关文字的播报，同时画面上显示对应的文字。在制作口播视频的时候，因为视频中的画面大部分是不变的，所以需要对文案有字数要求，精简语言，这样在后期剪辑制作的时候也会更加方便和快捷。

【效果展示】口播视频中的声音大多数采用的都是真人的声音，很少使用文本朗读功能，所以在观看这类视频的时候，会更有亲近感。在制作时，大家可以使用剪映的AI功能写文案，提升视频的制作效率，效果如图6-77所示。

171

图6-77 效果展示

下面介绍利用AI生成口播视频的操作方法。

步骤 01 进入剪映电脑版首页，单击"图文成片"按钮，如图6-78所示。

步骤 02 弹出"图文成片"面板，单击"自由编辑文案"按钮，如图6-79所示。

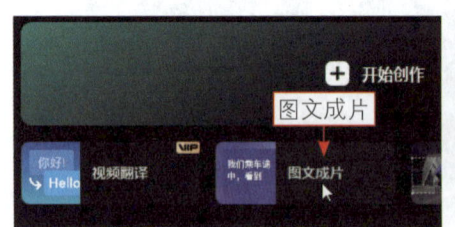

图6-78 单击"图文成片"按钮　　图6-79 单击"自由编辑文案"按钮

步骤 03 为了输入提示词生成文案，单击"智能写文案"按钮，如图6-80所示。

图6-80 单击"智能写文案"按钮

步骤 04 默认选中"自定义输入"单选按钮，输入"写一篇关于智慧人生的哲学文案，简短，180字"，单击 → 按钮，如图6-81所示。

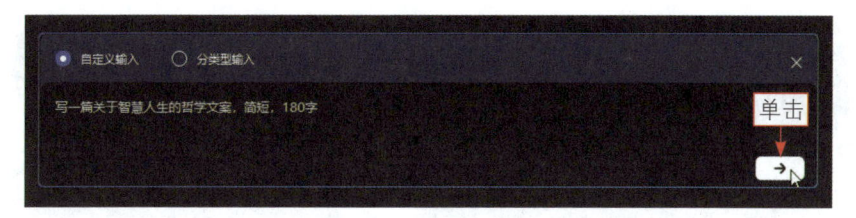

图 6-81 单击相应的按钮

步骤 05 稍等片刻，生成文案结果，如图6-82所示，将文案复制下来。

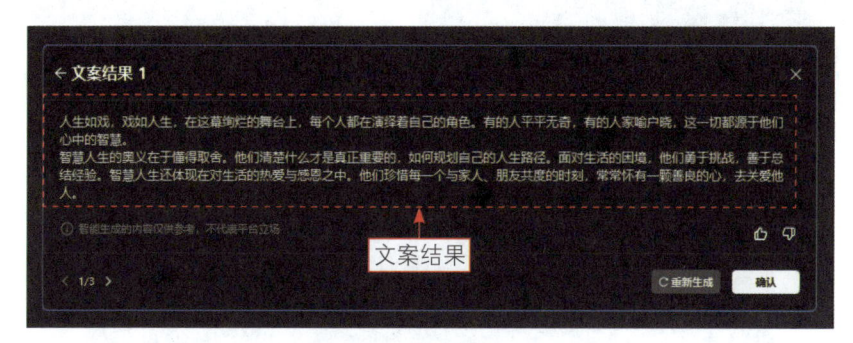

图 6-82 生成文案结果

步骤 06 进入剪映电脑版视频编辑界面，导入视频素材，并添加到视频轨道中，如图6-83所示。

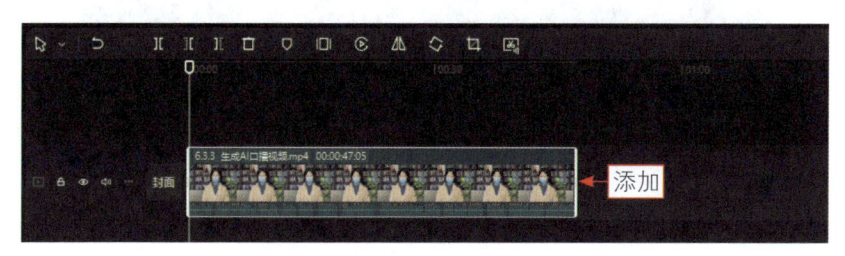

图 6-83 将视频素材添加到视频轨道中

步骤 07 为了使用文稿匹配功能，单击"文本"按钮，进入"文本"功能区，切换至"智能字幕"选项卡，在"文稿匹配"选项区中单击"开始匹配"按钮，如图6-84所示。

步骤 08 弹出"输入文稿"对话框，输入口播视频对应的文案，单击"开始匹配"按钮，如图6-85所示。

步骤 09 匹配成功之后，在视频轨道上方会自动添加字幕素材，生成字幕轨道，在"文本"操作区中，选择合适的字体，设置"字号"参数为6，微微放大文字，如图6-86所示。

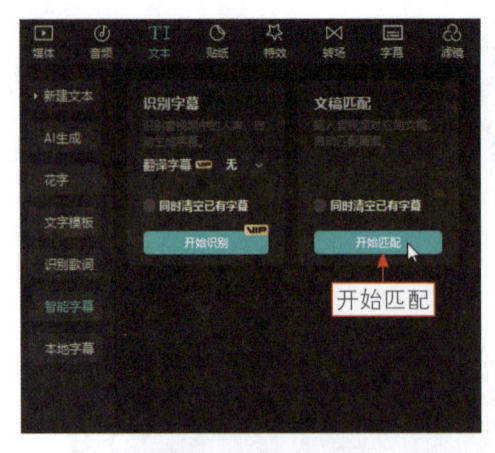

图 6-84 单击"开始匹配"按钮（1） 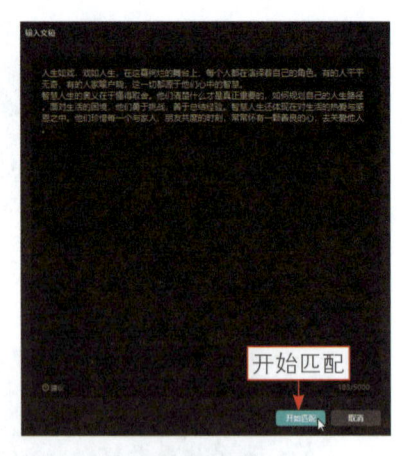　　　　图 6-85 单击"开始匹配"按钮（2）

图 6-86 设置"字号"参数为 6

步骤 10 选中"背景"复选框，如图6-87所示，为文字设置黑色背景，即可完成视频的制作。

图 6-87 选中"背景"复选框

第 7 章 可灵入门与实战

随着AI技术的飞速发展，视频生成模型正逐渐从概念走向现实，其中可灵AI视频生成模型凭借其强大的技术实力，正引领着这一变革的浪潮。本章围绕可灵的相关内容展开介绍，以便大家进一步了解可灵。

7.1 可灵快速上手

可灵AI分为两个版本，一个是手机版——快影App"AI生视频"，另一个是网页版——KLING官网。这两个版本都可以进行AI生成视频的操作，本节主要介绍可灵的基础知识，帮助大家更好地了解可灵AI模型。

7.1.1 安装并登录手机版可灵

可灵AI的手机端属于快影App的一部分，因此要使用可灵AI手机端生成短视频，需要先安装并登录快影App。下面介绍安装并登录快影App的具体操作步骤。

扫码看教学视频

步骤 01 打开手机，点击手机桌面上的"软件商店"图标，如图7-1所示。

步骤 02 在软件商店的搜索框中输入"快影"进行搜索，点击"快影"右侧的"安装"按钮，如图7-2所示，进行App的安装。

步骤 03 App下载完成后，"安装"按钮会变成"打开"按钮，点击"打开"按钮，如图7-3所示。

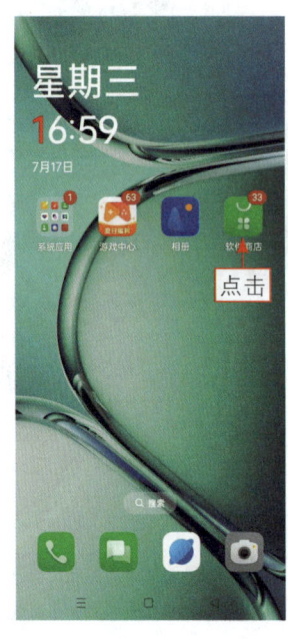

图 7-1 点击"软件商店"图标　　图 7-2 点击"安装"按钮　　图 7-3 点击"打开"按钮

步骤 04 进入快影App，会弹出"用户协议及隐私政策"面板，点击该面板中的"同意并进入"按钮，如图7-4所示。

第7章 可灵入门与实战

步骤 05 进入快影App的"剪辑"界面，点击界面中的"我的"按钮，如图7-5所示，进行界面的切换。

步骤 06 进入"我的"界面，选中相应的复选框，点击"使用快手登录"按钮，如图7-6所示，进行账号的登录。

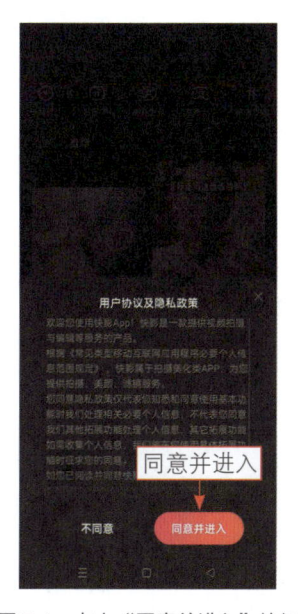

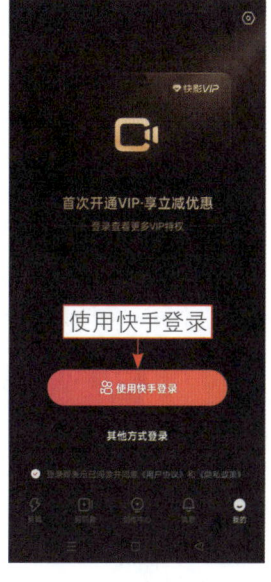

图 7-4　点击"同意并进入"按钮　　图 7-5　点击"我的"按钮　　图 7-6　点击相应的按钮

步骤 07 在弹出的"'快影'想要打开'快手'"面板中，点击"打开"按钮，如图 7-7 所示。

步骤 08 跳转至快手App的相关界面，进行账号的登录。如果"我的"界面中显示账号的相关信息，就说明账号登录成功了，如图7-8所示。

图 7-7　点击"打开"按钮　　图 7-8　账号登录成功

177

7.1.2　进入并登录网页版可灵

使用KLING生成AI短视频时，同样需要先登录账号。下面介绍登录KLING账号的具体操作步骤。

步骤 01　在浏览器（如谷歌搜索）中输入并搜索KLING，单击搜索结果中的KLING官网链接，如图7-9所示，即可进入KLING的官网。

图 7-9　单击 KLING 的官网链接

步骤 02　进入KLING的官网，单击页面右上方的English按钮，在弹出的列表中选择"简体中文"按钮，如图7-10所示，让网页中的内容以中文的形式呈现。

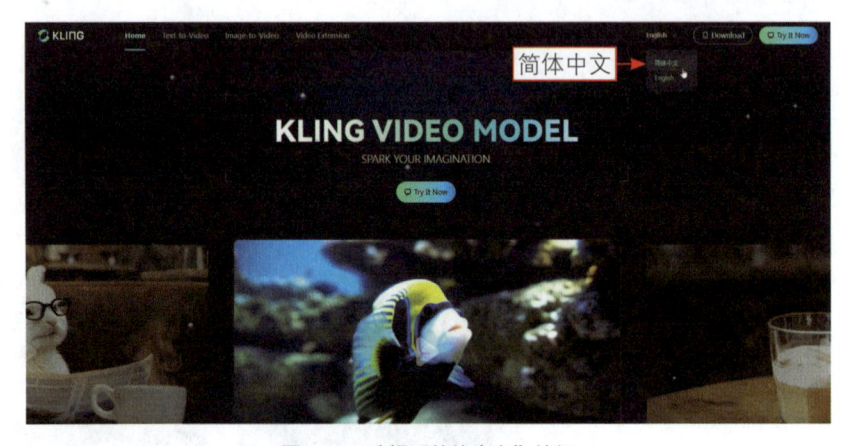

图 7-10　选择"简体中文"按钮

步骤 03　执行操作后，即可用中文呈现网页内容，单击"立即体验"按钮，如图7-11所示。

步骤 04　进入"可灵AI"页，单击页面右上方的"登录"按钮，如图7-12所示，进行账号的登录。

图 7-11 单击"立即体验"按钮

图 7-12 单击"登录"按钮

步骤 05 弹出"欢迎登录"对话框，在该对话框中可以通过手机号码或扫码进行登录。以手机登录为例，用户只需输入手机号码和验证码，并单击"立即创作"按钮，如图7-13所示，即可登录KLING的账号。

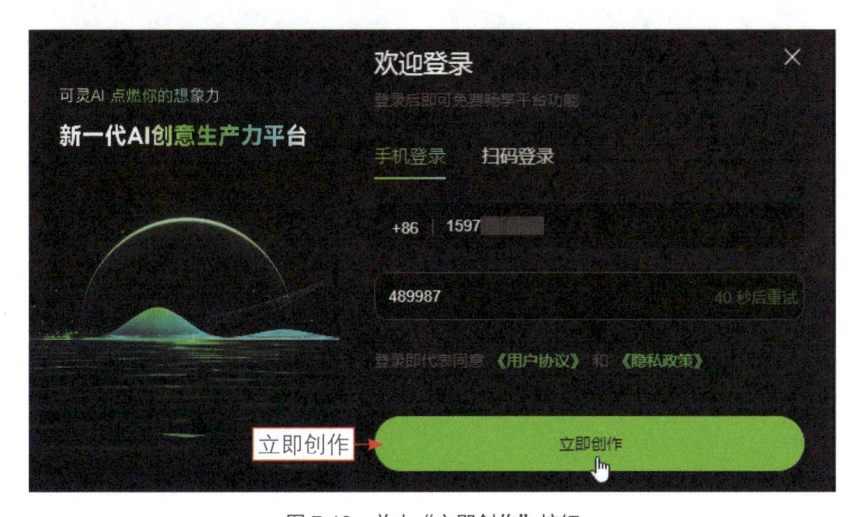

图 7-13 单击"立即创作"按钮

7.2 可灵核心功能

可灵具备多种功能,包括视频延长、剪同款及AI创作等,用户可以轻松高效地完成艺术视频的创作,可灵作为一款国产的先进视频生成大模型,在技术、功能和商业化等多个方面都表现出色,为用户提供了强大的视频内容创作工具。本节主要介绍可灵的使用技巧,帮助大家了解可灵的不同功能。

7.2.1 延长视频时长

【效果展示】使用可灵生成短视频后,用户可以借助"延长"功能对短视频时长进行延长,效果如图7-14所示。

扫码看案例效果

图7-14 运用"延长"功能延长短视频的视频画面

下面介绍运用可灵AI延长短视频时长的操作方法

步骤01 进入快影App的"处理记录"界面,单击对应短视频封面右侧的"预览"按钮,进入对应短视频的预览界面,点击"作品信息"面板中的"延长视频"按钮,如图7-15所示。

步骤02 在弹出的面板中,用户既可以使用原来的提示词延长短视频,也可以对提示词进行调整之后再延长短视频的时长。下面以使用原来的提示词延长短视频为例，用户只需点击"确认延长"按钮即可，如图7-16所示。

步骤 03 执行操作后，如果"处理记录"界面中出现一条新的短视频，就说明短视频时长延长成功了，如图7-17所示。用户可以添加合适的背景音乐来提升视频效果。

图7-15 点击"延长视频"按钮　　图7-16 点击"确认延长"按钮　　图7-17 短视频延长成功

★ 专家提醒 ★

在快影App中，用户每次可以让短视频延长4.5秒。如果用户觉得延长之后的视频时长还是太短了，可以持续对短视频的时长进行延长。截至2024年7月，使用快影App的可灵AI生成的短视频时长最长可达3分钟。

将5秒的短视频时长延长之后，在快影App中显示的时长为9秒。但是将这9秒的短视频导出至手机相册之后，短视频时长会显示为10秒。这并不是短视频变长了，而是快影App和手机相册的短视频时长显示方式不一样，快影App只会选择整数的秒进行显示，而手机相册则会对短视频进行"四舍五入"后显示。

7.2.2 剪同款

【效果展示】快影App的"剪同款"界面中为用户提供了大量的模板，用户可以从中选择合适的模板，制作出符合自身需求的AI短视频，效果如图7-18所示。

扫码看案例效果

图7-18 使用快影App"剪同款"功能制作的短视频效果

下面介绍使用快影App"剪同款"功能制作短视频的操作方法。

步骤01 打开快影App，点击"剪同款"按钮，如图7-19所示，进行界面的切换。

步骤02 进入"剪同款"界面，点击界面上方的搜索框，如图7-20所示。

图7-19 点击"剪同款"按钮　　　　图7-20 点击界面上方的搜索框

步骤03 在搜索框中输入模板的搜索关键词，点击"搜索"按钮，如图7-21

所示，进行模板的搜索。

步骤 04 执行操作后，即可搜索到相关的模板，点击对应的模板，如图7-22所示。

步骤 05 执行操作后，即可进入模板预览界面，查看短视频模板的具体效果，如图7-23所示，完成模板的选择。

图 7-21　点击"搜索"按钮 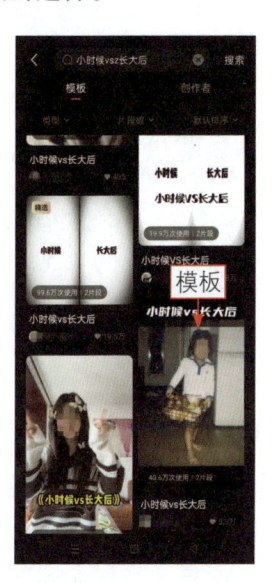　　图 7-22　点击对应的模板 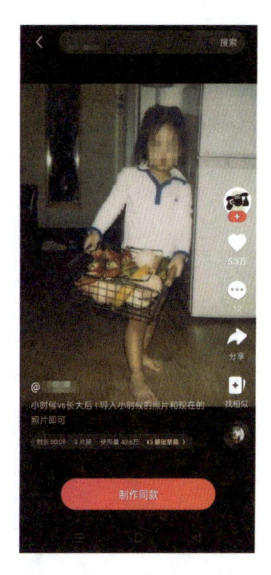　　图 7-23　查看短视频模板的具体效果

步骤 06 点击模板预览界面中的"制作同款"按钮，如图7-24所示，开始进行同款短视频的制作。

步骤 07 进入"相册"界面，在该界面中选择需要上传的素材文件，点击"选好了"按钮，如图7-25所示。

步骤 08 执行操作后，即可使用上传的素材制作同款短视频，并预览制作的短视频效果，如图7-26所示。

步骤 09 短视频制作完成后，点击"做好了"按钮，如图7-27所示，进行短视频的导出。

步骤 10 执行操作后，会弹出"导出选项"面板，点击该面板中的下载⬇按钮，如图7-28所示。

步骤 11 随后，快影App会进行短视频的导出，并显示导出进度。如果新跳转的界面中显示"视频已保存至相册和草稿"，就说明视频导出成功了，如图7-29所示。

图 7-24　点击"制作同款"按钮　　图 7-25　点击"选好了"按钮　　图 7-26　预览制作的短视频效果

图 7-27　点击"做好了"按钮　　图 7-28　点击下载⬇按钮　　图 7-29　短视频导出成功

7.2.3　AI创作

【效果展示】快影App中为用户提供了许多"AI创作"玩法，用户可以根据自身需求选择合适的AI玩法，快速制作出创意短视频，效果如图7-30所示。

扫码看案例效果

图 7-30　使用快影 App "AI 创作"功能制作的短视频效果

下面介绍使用快影App "AI创作"功能制作短视频的操作方法。

步骤01　进入快影App中的"AI创作"界面，点击界面上方的"AI玩法"按钮，如图7-31所示。

步骤02　在"AI玩法"选项卡中选择合适的AI玩法，例如点击"AI瞬息宇宙"板块中的"导入图片变身"按钮，如图7-32所示，即可选择该AI玩法制作短视频。

步骤03　选择合适的AI玩法之后，进入"相机胶卷"界面，选择需要上传的素材，点击"选好了"按钮，如图7-33所示。

图 7-31　点击"AI 玩法"按钮　　　图 7-32　点击相应的按钮　　　图 7-33　点击"选好了"按钮

185

步骤04 执行操作后，即可使用素材生成"分屏次元"短视频，如图7-34所示。

步骤05 在短视频预览界面中，选择合适的"AI瞬息宇宙"玩法，如图7-35所示，对短视频效果进行调整。

步骤06 执行操作后，即可重新生成一条短视频，完成AI玩法视频的制作，如图7-36所示。将视频保存，即可完成短视频的制作。

图 7-34　生成"分屏次元"短视频 　　图 7-35　选择合适的玩法 　　图 7-36　重新生成一条短视频

★ 专家提醒 ★

借助"AI创作"功能制作好短视频之后，用户可以将其导出至自己的手机相册中。

7.3　利用可灵生成短视频案例实战

可灵可以根据用户的提示词生成各种细节丰富、画面流畅的视频。本节将向用户分别介绍可灵手机版和网页版的AI视频案例，帮助大家进一步了解可灵的功能。

7.3.1 手机版可灵文生视频

【效果展示】借助快影App中"AI生视频"的"文生视频"功能，可以使用文本信息快速生成短视频，效果如图7-37所示。

扫码看教学视频

图 7-37　运用可灵 AI 进行文生视频的效果

下面介绍使用手机版可灵进行文生视频的操作方法。

步骤 01　打开快影App，点击"剪辑"界面中的"AI创作"按钮，如图7-38所示，进行界面的切换。

步骤 02　进入"AI创作"界面，点击"AI生视频"板块中的"生成视频"按钮，如图7-39所示，进入可灵AI的手机版。

图 7-38　点击"AI 创作"按钮

图 7-39　点击"生成视频"按钮

步骤 03 进入"AI生视频"的"文生视频"选项卡，点击"文字描述"下方的文本框，如图7-40所示。

步骤 04 输入提示词，如图7-41所示，描述短视频的内容。

步骤 05 根据自身需求设置视频质量、时长和比例等生成信息，如图7-42所示。

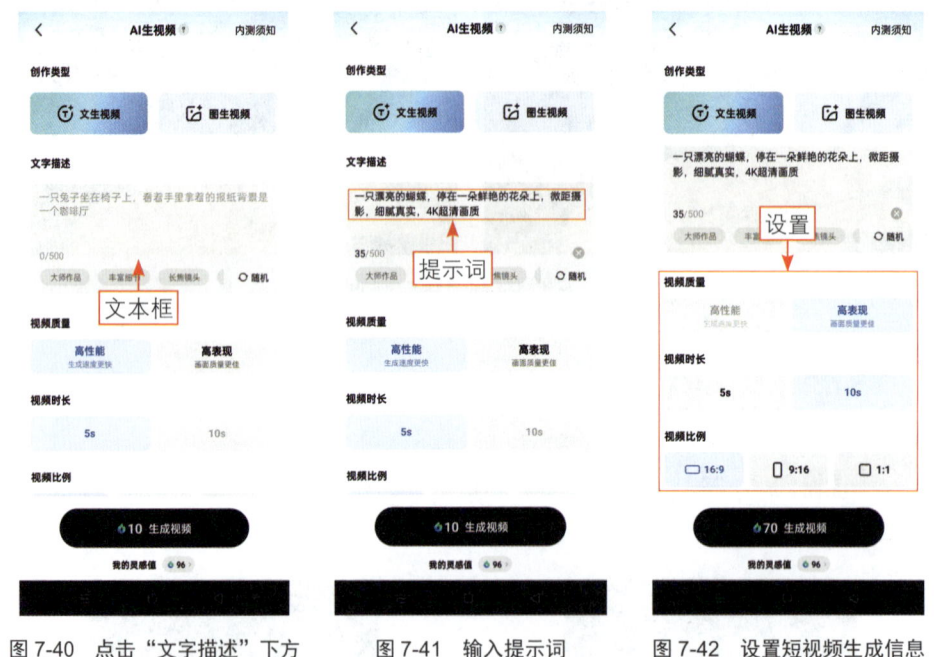

图 7-40 点击"文字描述"下方的文本框

图 7-41 输入提示词

图 7-42 设置短视频生成信息

★ 专家提醒 ★

生成初步的短视频之后，用户可以借助快影App对短视频进行一些调整，提升短视频的整体效果。

步骤 06 点击界面中的"生成视频"按钮，如图7-43所示，生成短视频。

步骤 07 执行操作后，会跳转至"处理记录"界面，并生成对应的短视频，点击短视频封面右侧的"预览"按钮，如图7-44所示。

步骤 08 进入新的"AI生视频"界面，即可查看初步生成的短视频效果，如图7-45所示。

步骤 09 点击"AI生视频"界面中的"去剪辑"按钮，如图7-46所示。

步骤 10 进入快影App的短视频剪辑界面，点击"音频"按钮，如图7-47所示，为短视频添加背景音乐。

第7章 可灵入门与实战

步骤 11 点击二级工具栏中的"音乐"按钮，如图7-48所示。

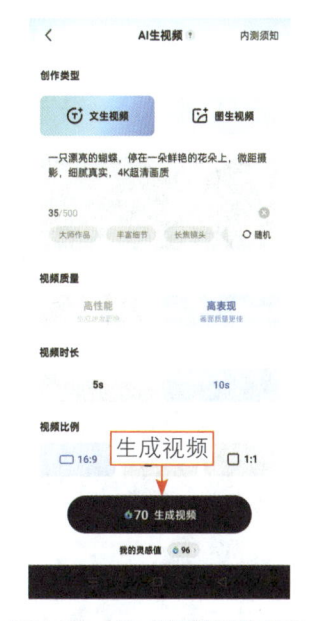

图 7-43 点击"生成视频"按钮　　图 7-44 点击"预览"按钮　　图 7-45 查看生成的短视频效果

图 7-46 点击"去剪辑"按钮　　图 7-47 点击"音频"按钮　　图 7-48 点击"音乐"按钮

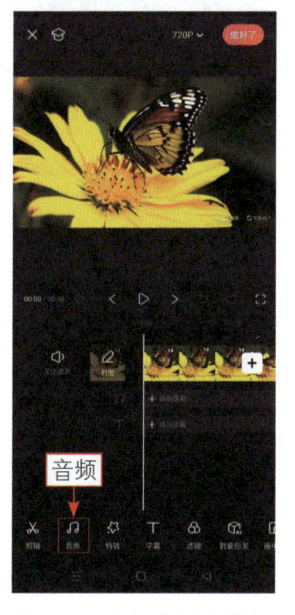

步骤 12 进入"音乐库"界面，点击所需音乐对应的按钮，如点击"轻音乐"按钮，如图7-49所示。

189

步骤 13 进入"热门分类"的"轻音乐"选项卡,选择所需的背景音乐,点击"使用"按钮,如图7-50所示。

步骤 14 执行操作后,如果时间线窗口中出现对应的音频素材,就说明背景音乐添加成功了,如图7-51所示。将视频进行保存,即可完成短视频的制作。

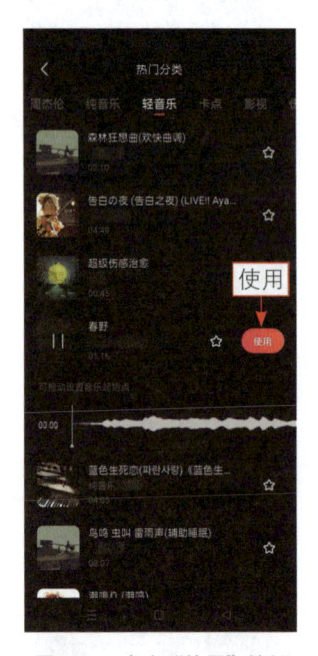

图 7-49　点击"轻音乐"按钮　　图 7-50　点击"使用"按钮　　图 7-51　背景音乐添加成功

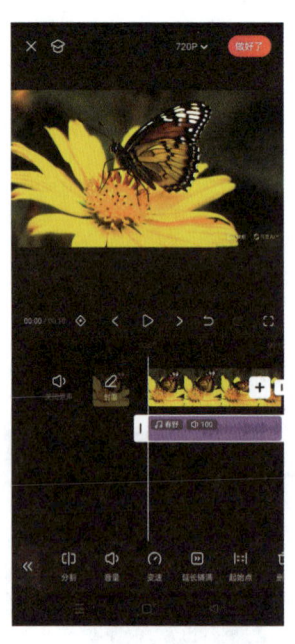

7.3.2　网页版可灵文生视频

【效果展示】KLING(即可灵大模型)是可灵的网页版,使用KLING的"文生视频"功能,同样可以快速生成一条AI短视频,效果如图7-52所示。

扫码看教学视频

图 7-52　运用 KLING 文生视频功能制作的短视频效果

下面介绍使用网页版可灵进行文生视频的操作方法。

步骤01 进入可灵AI的首页"AI视频"按钮，如图7-53所示，使用可灵大模型的AI视频生成功能。

图7-53 单击"AI视频"按钮

步骤02 进入"文生视频"页面，在该页面中输入提示词，设置短视频的生成参数，单击"立即生成"按钮，如图7-54所示，进行短视频的生成。

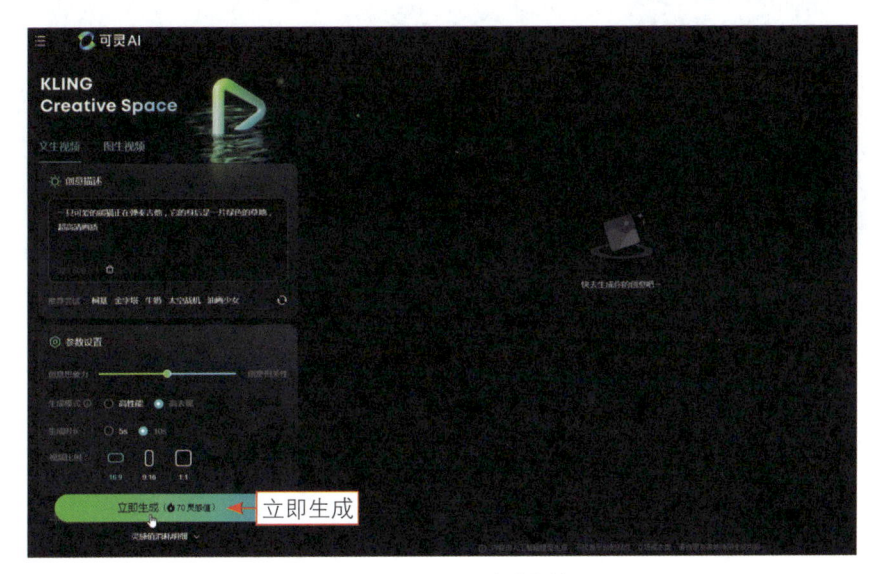

图7-54 单击"立即生成"按钮

步骤03 执行操作后，即可根据输入的提示词和设置的参数信息，初步生成一条短视频，如图7-55所示。

步骤04 单击对应短视频下方的下载按钮，如图7-56所示，将短视频下载

191

至电脑中的默认位置，即可完成短视频的制作。

图 7-55　初步生成一条短视频

图 7-56　单击下载按钮

★ 专家提醒 ★

因为KLING生成的短视频是没有任何声音的，所以为了提升短视频的整体效果，通常需要为生成的短视频配上合适的背景音乐。例如，用户可以将保存下来的视频导入剪映中添加背景音乐。

7.3.3　手机版可灵图生视频

【效果展示】借助快影App中"AI生视频"的"图生视频"功能，用户只需上传图片素材，并对相关信息进行简单的设置，即可快速生成一条短视频，效果如图7-57所示。

图7-57 运用可灵AI图生视频功能制作的短视频效果

下面介绍使用手机版可灵进行图生视频的操作方法。

步骤01 打开快影App，进入"AI生视频"的"文生视频"选项卡，点击"图生视频"按钮，如图7-58所示，切换至"图生视频"选项卡。

步骤02 进入"图生视频"选项卡，点击"选择相册图片"按钮，如图7-59所示，上传图片素材。

步骤03 进入"相册"界面，选择需要上传的图片，如图7-60所示。

图7-58 点击"图生视频"按钮 　　图7-59 点击相应按钮 　　图7-60 选择需要上传的图片

193

步骤 04 执行操作后，会导入素材，并显示素材的导入进度，如图7-61所示。

步骤 05 如果"上传图片"板块中显示刚刚选择的图片素材，就说明图片素材上传成功了，如图7-62所示。

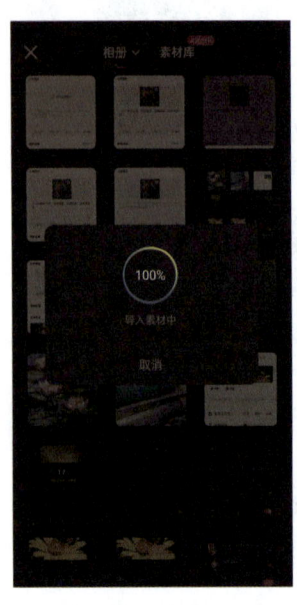

图 7-61 显示素材的导入进度　　　　图 7-62 图片素材上传成功

步骤 06 在上传的图片素材下方，输入短视频内容的提示词，如图7-63所示。

步骤 07 点击"高表现"按钮，进行短视频质量的设置，如图7-64所示。

步骤 08 点击"生成视频"按钮，如图7-65所示，进行短视频的生成。

步骤 09 执行操作后，会跳转至"处理记录"界面，并生成对应的短视频，如图7-66所示。

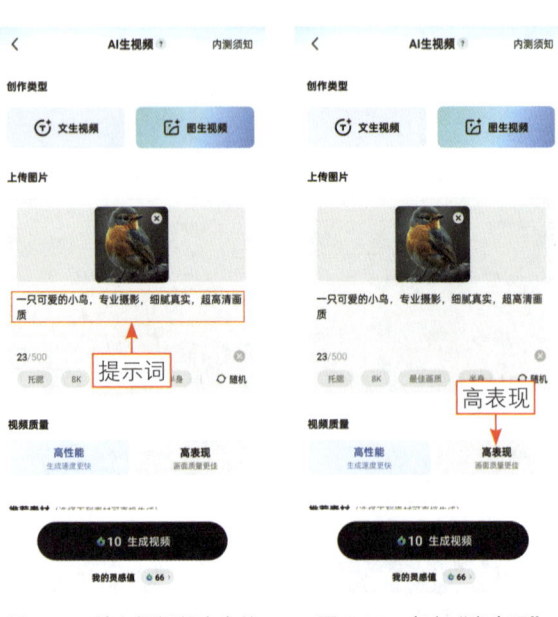

图 7-63 输入短视频内容的提示词　　　　图 7-64 点击"高表现"按钮

图 7-65　点击"生成视频"按钮　　　　　图 7-66　生成对应的短视频

步骤 10 点击短视频封面右侧的"预览"按钮，进入"AI生视频"界面，预览短视频。点击"去剪辑"按钮，如图7-67所示，进行界面的切换。

步骤 11 进入快影App的短视频剪辑界面，点击"音频"按钮，如图7-68所示，为短视频添加合适的背景音乐。保存视频，即可完成短视频的制作。

图 7-67　点击"去剪辑"按钮　　　　　图 7-68　点击"音频"按钮

★ 专家提醒 ★

下面这些注意事项将帮助用户进一步优化提示词，提升视频的生成效果。

（1）简洁精炼：虽然详细的提示词有助于指导模型，但过于冗长的提示词可能会导致模型混淆，因此应尽量保持提示词简洁而精确。

（2）平衡全局与细节：在描述具体细节时，不要忽视整体概念，确保提示词既展现全局，又包含关键细节。

（3）发挥创意：使用比喻和象征性语言，激发模型的创意，生成独特的视频效果，如"时间的河流，历史的涟漪"。

7.3.4 网页版可灵图生视频

【效果展示】借助KLING的"图生视频"功能，用户只需上传图片素材，并设置短视频的生成信息，即可快速生成一条短视频，效果如图7-69所示。

图7-69 运用可灵AI图生视频功能制作的短视频效果

下面介绍使用网页版可灵进行图生视频的操作方法。

步骤01 单击"文生视频"界面中的"图生视频"按钮，如图7-70所示，切换至"图生视频"选项卡。

步骤02 进入"图生视频"界面，单击"点击/拖曳/粘贴"按钮，如图7-71所示。

图 7-70　单击"图生视频"按钮

图 7-71　单击"点击/拖曳/粘贴"按钮

步骤 03 在弹出的"打开"对话框中，选择要上传的图片素材，单击"打开"按钮，如图7-72所示。

步骤 04 返回"图生视频"界面，如果界面中显示刚刚选择的图片，就说明图片素材上传成功了，如图7-73所示。

图 7-72　单击"打开"按钮

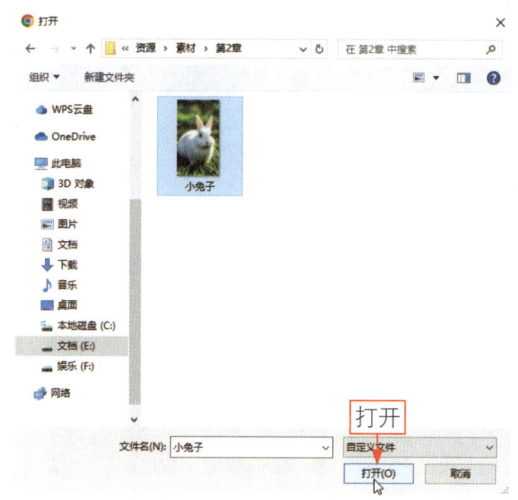

图 7-73　图片素材上传成功

步骤 05 在"图生视频"界面中输入短视频内容的提示词，设置短视频的参数信息，如图7-74所示。

步骤 06 设置不希望出现的内容，单击"立即生成"按钮，如图7-75所示。

AI全能应用七合一：ChatGPT+DALL·E+Midjourney+SD+PS+剪映+可灵

图 7-74　设置短视频的参数信息　　　　图 7-75　单击"立即生成"按钮

步骤 07　执行操作后，即可使用上传的图片和设置的信息，初步生成一条短视频，如图 7-76 所示。

图 7-76　初步生成一条短视频

★ 专家提醒 ★

保存短视频，然后导入剪映，添加合适的背景音乐，即可完成短视频的制作。

198

第 8 章 综合案例：《航拍卡点视频》

在介绍了各个AI工具的基础知识和核心功能之后，本章将通过一个综合案例，帮助大家学习如何巧妙地结合使用这些技术，创作出一部引人入胜的航拍卡点视频，让创意与科技完美结合，开启你的AI创作之旅。

8.1 运用 ChatGPT 生成文案

想要利用AI制作优秀的无人机航拍视频，可以运用ChatGPT生成制作视频的文案。本节将介绍运用ChatGPT生成航拍视频文案的操作方法，帮助大家掌握制作航拍视频的第一步。

8.1.1 生成对话前提

首先向ChatGPT获取对话前提，确保ChatGPT了解无人机航拍，相关的提示词和回复内容如下。

扫码看教学视频

R 提问

你知道什么是无人机航拍吗？

ChatGPT

无人机航拍是一种利用无人机进行高空摄影和摄像的技术。无人机配备了高分辨率的相机和摄像机，可以从空中拍摄广阔的景观、建筑物、自然景观，以及其他难以从地面拍摄的角度。以下是一些无人机航拍的基本信息。

1. 无人机类型：常用于航拍的无人机有多旋翼（如四旋翼）和固定翼无人机。多旋翼无人机灵活，适合在较小的空间内进行精准操作，而固定翼无人机适合大范围长时间飞行。

2. 相机设备：高端无人机通常配备高分辨率的相机，有些还具备云台稳定系统，以确保在飞行过程中拍摄的画面清晰稳定。

3. 用途：无人机航拍广泛应用于电影制作、广告宣传、新闻报道、自然景观记录、地产展示、农业监控、环境保护等领域。

4. 飞行控制：操作无人机需要熟练的飞行技巧和对飞行控制系统的了解。飞行员通过遥控器或移动设备来控制无人机的飞行路径和拍摄角度。

5. 法律法规：无人机航拍需要遵守相关的法律法规，包括飞行高度限制、禁飞区规定、隐私保护等。不同国家和地区的法规有所不同。

无人机航拍广泛应用于电影制作、新闻报道、环境监测、建筑勘测、农业管理等领域，能够高效、灵活地获取高质量的图像和视频。

无人机航拍技术不断发展，带来了更多创作的可能性，这种技术可以从不同的高度和角度捕捉广阔的景观和细节，提供独特的视觉效果，使得我们能够以全新的视角观察和记录世界。

8.1.2 生成视频文案

向ChatGPT提出想法和要求，让其根据用户的描述来生成文案，相关的提示词和回复内容如下。

> **R1 提问**
>
> 你是一名专业的无人机航拍摄影师，我现在要生成一张位于森林上方的航拍照片，请你帮我生成一段可供生成这种照片的AI提示词，要求突出画面的景色。

> **ChatGPT**
>
> 好的，这里有一段用于生成森林上方航拍照片的AI提示词：
> 生成一张位于森林上方的航拍照片。画面展示郁郁葱葱的树冠，阳光穿过树叶间隙，形成斑驳的光影效果。远处隐约可见连绵起伏的山峦，增加画面的深度感。天空湛蓝，偶尔飘着几朵白云，给整个场景增添了一丝梦幻的感觉。整体色调自然，突出绿色的生机与活力。

8.2 运用 DALL·E 绘制图像

DALL·E具有生成图像的功能，大家可以运用这个功能来使用上一节的提示词，生成航拍视频所需的图片素材。

8.2.1 绘制图像效果

【效果展示】将从ChatGPT获取的提示词提供给DALL·E，让其根据提示词的内容绘制图像效果，效果如图8-1所示。

图 8-1 效果展示

下面介绍绘制图像效果的操作方法。

步骤01 将获取到的提示词输入到DALL·E的输入框内，如图8-2所示。

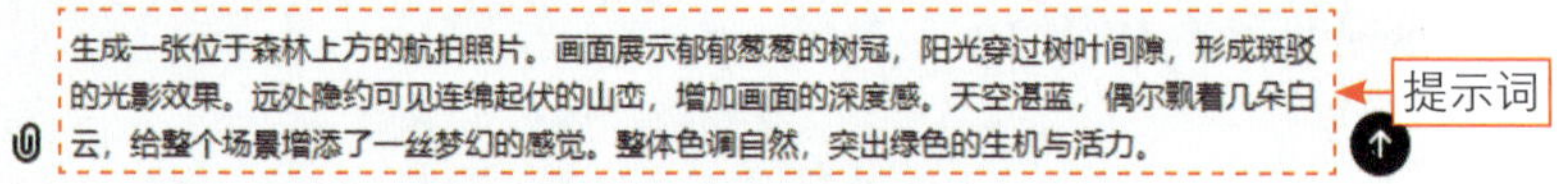

生成一张位于森林上方的航拍照片。画面展示郁郁葱葱的树冠，阳光穿过树叶间隙，形成斑驳的光影效果。远处隐约可见连绵起伏的山峦，增加画面的深感。天空湛蓝，偶尔飘着几朵白云，给整个场景增添了一丝梦幻的感觉。整体色调自然，突出绿色的生机与活力。 ← 提示词

图 8-2　输入相应的提示词描述

步骤02 按【Enter】键确认，随后DALL·E将根据提示词的描述生成图片，效果如图8-3所示。

图 8-3　DALL·E 根据提示词生成的图片效果

8.2.2　设置图像比例

【效果展示】让DALL·E将画面的纵横比设置为横向，让画面拥有更加宽广的视野，效果如图8-4所示。

扫码看教学视频

图 8-4　效果展示

下面介绍设置图像比例的具体操作方法。

步骤 01 在输入框的右上角单击"宽高比"按钮，在弹出的列表中选择"宽屏"选项，如图8-5所示。

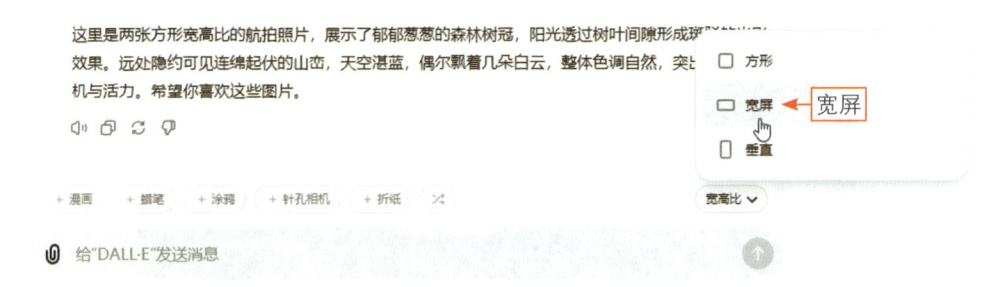

图 8-5　选择"宽屏"选项

步骤 02 执行操作后，按【Enter】键确认，随后DALL·E将生成宽屏尺寸的图片，效果如图8-6所示。

图 8-6　DALL·E生成宽屏尺寸的图片

8.3　运用 Midjourney 优化图像

为了进一步提升图像的精细度，可以利用Midjourney中的以图生图功能，以此来优化图像的效果。

8.3.1　进行以图生文

下面利用describe指令将DALL·E生成的图像转化为文本，也就是以图生文，具体的操作方法如下。

扫码看教学视频

步骤01 在Midjourney中通过describe指令上传刚才由DALL·E生成的图像素材，如图8-7所示。

图 8-7　上传图像素材

步骤02 按【Enter】键确认，Midjourney会根据用户上传的图片生成4段提示词，如图8-8所示。

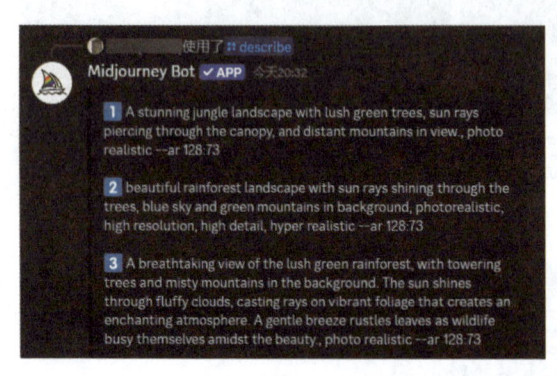

图 8-8　生成4段提示词

8.3.2　进行以图生图

【效果展示】在获取到提示词后，进行以图生图操作，以此来优化图像，效果如图8-9所示。

扫码看教学视频

图 8-9 效果展示

下面介绍利用Midjourney以图生图的操作方法。

步骤01 选择上一节生成的提示词中的一段，复制并粘贴至imagine指令的后面，生成的效果如图8-10所示。

图 8-10 Midjourney 生成的图像效果

步骤02 如果用户对生成的图像不满意，可以单击重做按钮 ⟳，即可让Midjourney重新生成图像。

8.4 运用 Stable Diffusion 制作效果

将Midjourney生成的提示词复制下来，然后利用Stable Diffusion强大的文本生成图像功能生成效果图。

8.4.1 添加LoRA模型

在生成效果图之前，首先需要选择一个适合生成航拍视频素材的LoRA模型，具体的操作方法如下。

步骤01 在"模型广场"页面右侧单击"全部类型"按钮，在弹出的面板中选择LoRA选项，如图8-11所示。

步骤02 根据缩略图来选择相应的LoRA模型，进入该LoRA模型的详情页面，单击页面右侧的"加入模型库"按钮，如图8-12所示。

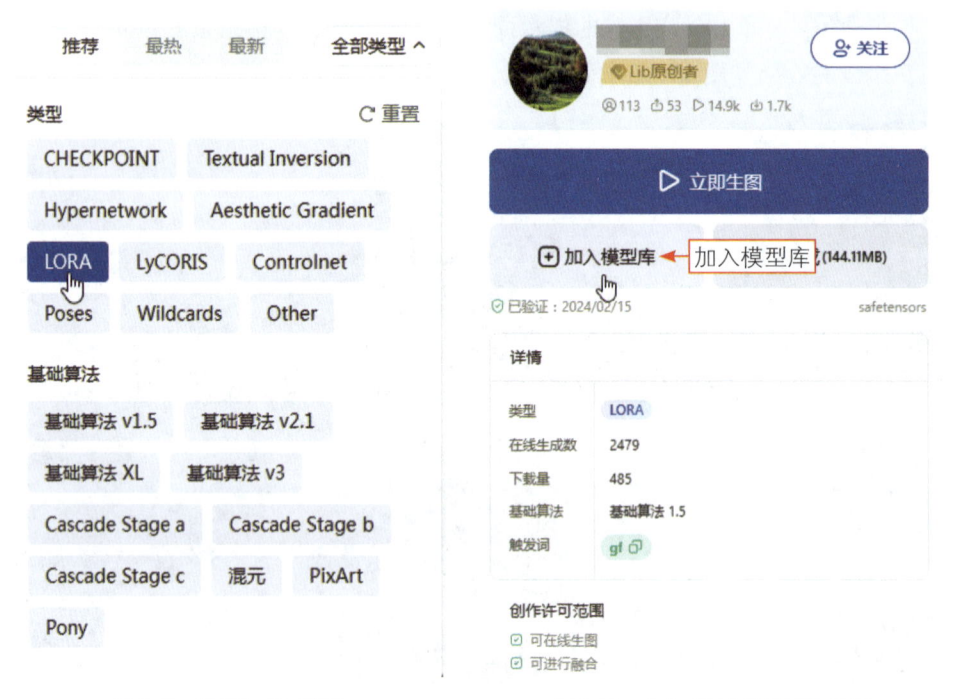

图 8-11　选择 LoRA 选项　　　　　　图 8-12　单击"加入模型库"按钮

8.4.2 生成图像效果

【效果展示】在添加了合适的LoRA模型后，接下来便可以利用此模型生成图像了，效果如图8-13所示。

第8章 综合案例：《航拍卡点视频》

图 8-13 效果展示

下面介绍生成图像的操作方法。

步骤 01 进入"文生图"页面，选择一个合适的大模型，输入刚才在Midjourney中生成的提示词，如图8-14所示。

图 8-14 输入相应的提示词

步骤 02 在页面下方设置"采样方法（Sampler method）"为DPM++ 2M Karras、"迭代步数（Sampling Steeps）"为20、"宽度（Width）"为1024、"高度（Height）"为576，"图片数量（Number of images）"为3，如图8-15所示。

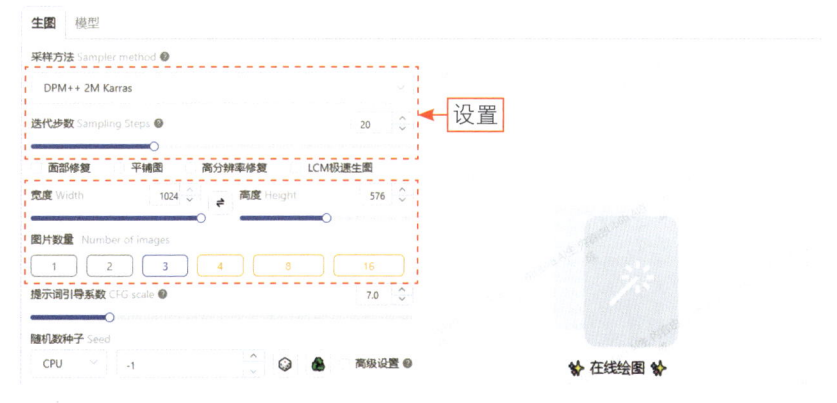

图 8-15 设置相应的参数

207

步骤03 切换至"模型"选项卡，选择刚才添加的LoRA模型，然后单击"开始生图"按钮，即可生成相应的图像，效果如图8-13所示。如果对生成的素材不满意，可以进行多次生成，然后将它们下载保存。

8.5 运用剪映制作与剪辑视频

【效果展示】接下来是制作航拍视频的最后一步，利用前面生成的图像素材来制作卡点视频，主要利用剪映的剪辑功能和丰富的素材库来对图像素材进行加工处理，从而制作出航拍卡点视频，效果如图8-16所示。

图 8-16　效果展示

在利用剪映制作视频之前，大家可以观看可灵生成的效果来进行参考，获取经验。如果生成的图像素材有瑕疵，则可以使用Photoshop AI来对图像进行修复，提升图像效果。

8.5.1　导入图像素材

将前面生成的图像素材导入剪映，方便后续的操作，具体操作方法如下。

扫码看教学视频

步骤01 进入剪映电脑版视频编辑界面，在"本地"选项卡中导入图片素材，然后单击第1张素材右下角的"添加到轨道"按钮 ，如图8-17所示。

第8章 综合案例:《航拍卡点视频》

图 8-17 单击"添加到轨道"按钮

步骤 02 执行操作后,即可将图像素材添加到视频轨道中,如图8-18所示。

图 8-18 将图像素材添加到视频轨道中

8.5.2 制作视频效果

将图像素材添加到视频轨道后,接下来就可以进行视频创作了,具体的操作方法如下。

扫码看教学视频

步骤 01 添加一段合适的音乐,并根据音乐的节奏设置图像素材的时长,如图8-19所示,然后剪掉多余的音乐。

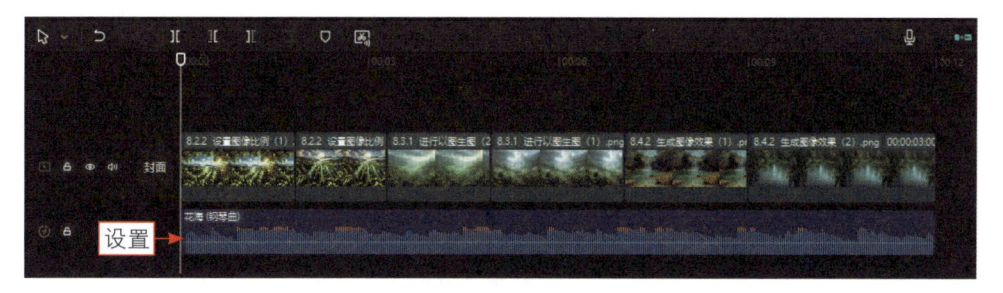

图 8-19 设置图像素材的时长

209

步骤02 给视频添加一个转场，在第1段素材与第2段素材之间的位置，单击"转场"按钮，进入"转场"功能区，切换至"叠化"选项卡，单击"叠加"转场右下角的"添加到轨道"按钮⊕，如图8-20所示。

图8-20 单击"添加到轨道"按钮

步骤03 在"转场"操作区中单击"应用全部"按钮，在所有素材之间统一添加同一个转场，即可完成视频的制作。